清醒的人先享受自由

想通了

徐英瑾 著

浙江人民出版社

图书在版编目（CIP）数据

想通了 : 清醒的人先享受自由 / 徐英瑾著 .
杭州 : 浙江人民出版社 , 2025. 3. –– ISBN 978-7-213-
11804-3

Ⅰ. B821–49

中国国家版本馆 CIP 数据核字第 20243MW983 号

想通了 : 清醒的人先享受自由
XIANGTONG LE : QINGXING DE REN XIAN XIANGSHOU ZIYOU

徐英瑾 著

出版发行	浙江人民出版社（杭州市拱墅区环城北路 177 号　邮编　310006）
责任编辑	徐　婷　祝含瑶
助理编辑	吴紫欣
责任校对	杨　帆
封面设计	沐　希
电脑制版	刘龄蔓
印　　刷	三河市中晟雅豪印务有限公司
开　　本	880 毫米 × 1230 毫米　1/32
印　　张	8.25
字　　数	158 千字
版　　次	2025 年 3 月第 1 版
印　　次	2025 年 3 月第 1 次印刷
书　　号	ISBN 978-7-213-11804-3
定　　价	55.00 元

如发现印装质量问题，影响阅读，请与市场部联系调换。

质量投诉电话 : 010-82069336

目 录

01

当自我撞上世界

02

当思维突破局限

03　　　当哲学看见爱情

04

当人工智能走进生活

05

当人生抛出问卷

06

当哲学审视艺术

01

当自我撞上世界

家长为什么总夸"别人家的孩子"？

很长一段时间以来，网络上流行着这样一个概念：别人家的孩子。这孩子仿佛是十全十美的，学习好，有才艺，让家里省心，总之样样都比自己家的孩子好。我家里老一辈人也总在我面前夸奖别人家的孩子，"你看人家孩子都上央视了，这京剧唱得多好！""你看人家孩子，比你家孩子小好几岁呢，陆游、杜甫的诗都背得滚瓜烂熟！"……

先不说我的孩子听了压力大不大，我听了压力都很大，好像我的基因不好似的。

这就出现问题了，家长总拿"别人家的孩子"来和自己的孩子进行比较，这背后的心理动机是什么？我们怎样来化解这种压力？或者这样的做法本身是否也有一定的合理性，体现了硬币的两面性？

下面我们就来讨论一下"别人家的孩子"这个话题。

父母为什么总把"别人家的孩子"挂嘴边？

一种可能性是，父母真的不太喜欢自己的孩子，觉得别人家的孩子比自己家的好。

第二种可能性比较常见，有些父母嘴上说别人的孩子多么好，心里未必真是这么想的，而是一种激将法。他们觉得自己家的孩子也不错，却不会时常夸奖，怕孩子骄傲，所以才会这样说。

如果是第二种情况，听上去好像还不算糟，爸爸妈妈至少还是爱孩子的。但是如果是第一种情况，那就要仔细讨论了。

下面就第一种情况来分析一下父母的思维方式。这种分析是为了给孩子一种解压方法。作为孩子，如果你知道父母是怎么想的，你心里的压力也会得到一定的缓解。**当你试着探究问题的成因的时候，离问题的解决也就只有一半的距离了。**

父母为什么会喜欢"别人家的孩子"？

如果父母是真心喜欢别人家的孩子，那也有两种解释。

第一种解释：彻底的利己主义思想。也就是说，有些父母把自己看成是世界的中心，所有东西，包括孩子，都是实现自我和自尊的工具。

比如，有些人一天到晚炫耀：我在北京二环、三环都有房子，我在上海内环也有套房子，我在香港还有房子……我的孩子钢琴已经考到几级了，画画已经考到几级了……其实，房子和孩子都是他炫耀的工具。当孩子没有达到心目中的标准，就像房子没有那么大一样，会让他们的自尊失衡。归根结底，是这样的父母有一种利己主义的世界观。

第二种解释涉及"自然"与"教化"之间的斗争，这就与哲学有关了。

人有两面性，一面是我们的生物性（"自然"），另一面是我们接受的文化（"教化"）。

举个例子，假如我是古代武侠小说里的大侠，我学了一套华山剑法，教我剑法的武术大师和我并没有血缘上的关系，但这套剑法有可能已经传几百年了，当师父把他毕生所学教给我的时候，我就继承了他的剑法，成为他这一派武功的传人。在武术文化传承的意义上，我就是他的儿子。

他还有一个生物学意义上的儿子，这个儿子一天到晚斗鸡、斗蛐蛐，什么武功都不会。这种情况下师父可能就会想：到底哪个是我的真儿子呢？

这就是自然与教化之间的斗争。从文明教化的角度来看，我是师父的儿子；但是从生物学意义上说，那个斗蛐蛐的才是他的儿子。他应该对哪个亲？这就对他构成了很大的困扰。在这种情况下，他或许会觉得，还是别人家的孩子好，我家的孩子不行。

请注意，这个例子中，师父的态度并不是基于利己主义，而是基于他对于武术的热爱。实际上，历史上曾存在过一个很重要的制度，使得有些人对于别人家孩子的喜爱可以被合法化，甚至能够让别人家的孩子变成自己的孩子。这就是养子制度。

养子制度在西方历史中更为常见。在古代罗马帝国，老皇帝和下一任皇帝可能有亲缘联系，也可能没有亲缘联系。如果皇帝和继承者之间没有亲缘联系，皇帝可以把继承者收为养子，把他养大后让他姓皇帝的姓，然后把皇位传给他。

有一部电影可以帮助我们理解养子制度——《角斗士》。这部电影对真实的历史做了一点改编。电影中，老皇帝奥利利乌斯实在不喜欢自己血缘上的儿子——康莫迪乌斯。老皇帝特别喜欢大将军马克西蒙斯，想把皇位传给他。

在这部电影中，康莫迪乌斯捅死了自己的父亲，说："你为什么不爱自己的亲儿子？你爱的是别人的孩子，我恨你，爸爸！"然后自己做了皇帝。

需要注意的是，这是电影里的情节。真实的历史是：奥利利乌斯自然死亡，把皇位传给了康莫迪乌斯。不过，康莫迪乌斯的确不是个好皇帝，这一点电影没说错。

但问题是，假若我就是那个武术大师的亲儿子，而且我就是爱斗蛐蛐，不爱武术呢？在这种情况下，我该如何面对父母对我的不满？我的观点是：如果你的父母是基于文化的理由而轻视你，你就要开导他们，向父母表示，他们也得多爱你一点，因为每个人都有自己的兴趣。我虽然爱斗蛐蛐，但是我要争取把斗蛐蛐变成奥运会的比赛项目，要拿金牌为国争光，这是我的梦想，你们要尊重我的梦想。

总之，如果父母看不起你，看不起你的事业，那你就干出名堂来，用成绩来颠覆他们的看法。否则，你就得按照父母的意愿来走人生路。千万不要既不服父母，自己又走不出新路来，结果两头不讨好。

如何面对"别人家的孩子"的魔咒？

那么，"别人家的孩子"这个"梗"到底告诉我们什么道理呢？

作为父母，你得思考一下，你到底喜欢的是别人家的孩子，还是自己？**不要借着喜欢别人家的孩子的口号，来掩饰自己的自尊心和虚荣心。**这是没有意义的。人生苦短，过好自己的日子就行，不要被外物所累。孩子不是你的道具，孩子有自己的自由意志。

话又说回来，当别人家的孩子把好的一面展现给你的时候，有可能是他的家庭已经把他的缺点全部遮掩了。如果真的把别人家的孩子放到你家里，你就会反过来觉得自己家的孩子好了。

对一天到晚听父母唠叨"别人家的孩子"的孩子们，我想说，你要弄清楚父母到底是想激励你，还是真心这么认为。如果是他们想激励你才这么说，说明他们还是爱你的。但如果你发现他们是真的这样认为，也不用担心，我教给你一个思维平衡大法。你可以对自己的父母说：你看看别人家的家长。你可以用牛顿的例子来回击他们：牛顿在 8 岁之前是由姥姥带着的，他的姥姥连字都不识，根本不会给小牛顿施加很大的精神压力。牛顿度过了毫无压力的童年，是他取得物理学方面伟大成就的一大原因。

总而言之，用"别人家的家长"之法，就能够破解"别人家的孩子"这一魔咒。

容貌焦虑为什么让人难受？

你有没有听过这样一些表述：

"你睡了吗？我可丑得睡不着啊！"

"女娲造人千千万，为什么把我造得这么难看？"

…………

这些话为什么能够流行？这就体现了当下的一大社会心理现象——容貌焦虑。

焦虑的本质

在讨论容貌焦虑之前，我们首先要讨论焦虑，把容貌焦虑放到一个更大的"焦虑"的盘子里来思考。

焦虑的本质是什么呢？一言以蔽之，就是你的理想和现实之间有很大的差距，而且这差距大到你不能容忍。

还在读书的学生有分数焦虑。成年人如果没买房子，就会有所谓的住房焦虑；有些人有工资焦虑，希望自己每个月能拿几千元，可实际收入好像还差很多；在我们大学老师这个圈子里，职称焦虑比较严重。

容貌焦虑实际上也是这么一回事：希望自己长成什么样子，但没有长成那个样子，所以就非常焦虑。但特别有意思的是，所有的焦虑，背后都有个相同的特点。这个特点就是，**你希望自己达到的目标，从某种意义上说并不是你的目标，而是社会的主流价值观希望你达到的目标。**

分数要高，房子要大，工资越多越好，职称越高越好，容貌越美越好……请问，这真是你的需求吗？这是社会的需求。你是被社会的主流价值观给出的这些条条框框束缚住了，因为没有办法跳出这些束缚，所以才会非常焦虑。

这种焦虑背后还隐藏着一个重要的道理：恰恰是价值的趋同，导致了资源分配的稀缺，这就使得很多人成为竞争中的失败者，进而加剧了焦虑。

最典型的例子就是想进名牌学校带来的焦虑。所有人都想进好的学校，这样一来录取分数肯定会水涨船高，于是会有越来越多的人成为"失败者"，进而产生焦虑。

高颜值与性选择

为什么容貌作为老天爷随机分配的东西也会引发焦虑呢？这当然也是因为美丽的容貌是稀缺的。

按照进化心理学的观点，我们对美貌的欣赏本身是一种生物性的、适应性的行为。请注意，进化心理学试图把很多被认为不太好的品行都予以"洗白"。比如，喜欢漂亮女孩子，如果用比较负面的说法来形容，就是"好女色"；喜欢漂亮的男孩子，那就是"好男色"。总而言之，不像是什么好话。但从进化心理学的角度来看，如果你对美貌产生了倾慕之心，这只是因为进化算法在起作用罢了。换言之，进化心理学认为，我们之所以产生诸如喜怒哀乐的心理倾向，是为了提高我们的繁殖适度，使得基因能够得到更大程度的散布。

随便举个例子，我们一般都喜欢大眼睛的人，所以大眼睛的男生和女生都比较讨人喜欢。那为什么我们会觉得大眼睛的人更美呢？从进化心理学的角度来看，眼睛大就意味着整个视觉感官系统比较发达，能够获得较多的视觉信息。在采集狩猎时代，能够很清楚地看到猎物在哪里。

而且，对于美貌，不同文化背景的人都持有一些共同的观点，比如，认为长直的头发、光洁的皮肤是美的。因为这些特征意味着人的健康水平比较高，和这样的人在一起，生下来的孩子患病的概率就比较低。

所以，表面上看是我们在欣赏美貌，但归根结底是进化的算法在帮助我们选择那些外表合适的对象，这样能够使得双方合作，诞生出基因强大的后代。这对于整个人类物种的生存是有好处的。

容貌焦虑，站在达尔文主义的立场上看，就必须在"性选择"这一生物学范畴下得到理解。

一夫一妻制下的基因传播

不得不指出的是，只要有选择就会有竞争，选择和竞争是联系在一起的。而只要有竞争就会有失败者。所以，只要谈到了性选择，就会有竞争带来的焦虑问题。

比如，你的眼睛大，总有人的眼睛比你更大；你的头发顺滑，总有人的头发比你更加顺滑；你的个子高，总有人比你长得更高……这可怎么办？为什么这样的比较会产生焦虑呢？这背后的原因是，我们人类这个物种，在生物学意义上是实行一夫一妻制的。

很多人可能会问，古代封建大家庭不是三妻四妾吗？这里要讲清楚，三妻四妾是文化，不是生物性。也就是说，一夫多妻制这样一种制度，是人类进入特定的文化形态以后出现的。在漫长的采集狩猎时代，人类就是一夫一妻制的，这一结论是有人类学研究基础的。正因为人类并不是一夫多妻制的，所以那些具有稀世美颜的人不可能垄断所有的基因传播机会。比如，确实会有美男和美女的结合，但是正因为美男和美女在比较中成了一种稀缺的优势资源，大家又是一夫一妻制，所以那些"次美女"和"次美男"也会结合，或者普通长相或长得比较丑的也会结合。

如果是一夫多妻制，情况就不太一样了，某种基因可能会占据垄断性的地位。反过来说，人类整个基因的配比或传播，从根本上说是一个非常民主的过程。正因为人类是个民主的物种，所以各种各样的基因都能传播下去。这就导致一个问题，就是这个世界上脸长成什么样的都有，像西门庆那样帅的男人和像武大郎那样丑的男人，同时会在这个世界上出现。这就带来了一个非常有意思的问题，这个现象本身是不是对进化论的反讽？那些不好的基因也被传播下去了？

这也未必。

化解容貌焦虑之道

美貌往往代表着更好的基因，但这并不意味着如果你长得不好看，你的基因就不行。

请注意，这是个逻辑问题。不要把美貌当成基因好的必要条件，它可能是基因好带来的一种表现，但基因好还会有其他的表现。那么，什么能够反映你的基因好呢？这就是我要说的能够克服容貌焦虑的很重要的论点了。也就是，就算容貌不好，你也可能拥有很好的基因。

方法 1　艺术

首先就是通过艺术来弥补。艺术特别重要，按照现在进化心理学家的研究，艺术的出现甚至有可能比语言更早。我们现在一般认为，在所有的人类物种中，只有"智人"（拉丁文学名：Homo sapienz）才能运用语言。我是智人，各位读者也是智人，因为这是世界上唯一生存的人类物种了。但在历史上，还有很多其他的人类物种。

有一类人种叫"匠人"。他们出现的时间比智人早很多年，生活在非洲地区。他们会做钻石形的石斧，但这种石斧并不是真正用来切凿物体的，而是为了炫耀自己的工艺水平高。

如果一个男性匠人想要吸引女孩，但他的容貌一般，该怎么办呢？他会做一把漂亮的石斧，把它挂在胸前，看到女孩的时候就把石斧拿出来炫耀，你看，我的石斧做得还不错吧？这就能证明，他虽然容貌差了一点，但至少有本领。他的本领高就意味着他有很强的才智，间接地证明了他的基因不错。这样一来，女孩的芳心就可能因此被打动，有可能就跟着他走了。他的后代也有可能继承他心灵手巧的本事，尽管容貌可能会稍微差一点。

艺术的传播，本身就服从于达尔文的算法。所以大家要继续在性选择这样一个大框架里去看待艺术的问题。这是用进化心理学看待问题的典型方法。

那么有些人会说，我没有这么好的手艺，我喜欢唱歌。没问题，唱歌也是艺术。如果你歌唱得好，也能够证明你有很多能力。第一，你的记忆力强。比如，我遇到很多朋友，他们都没学过日语，但听了几天日语歌就会唱了，说明他们的记忆力非常强。第二，你有很强的协调能力。想要把歌唱得好，你的身体就要掌握各种发音技巧，各器官之间要非常协调。第三，歌唱得好还要有情感的投入。如果你唱歌的时候声情并茂，说明你不太可能是一个铁石心肠的人。这在很大程度上也能提高你在性选择中的竞争力。

读到这里，大家的容貌焦虑可能就部分地被克服了。**容貌不行，才艺来补。**

方法 2　德行表演

除了才艺，还有其他弥补的办法吗？很多人会觉得，才艺也需要有天分，我这人就是没才艺，做什么都做不好，唱歌还五音不全，怎么试都不行，那该怎么办？

那么，在艺术之外还有一个很重要的面向，也能够让别人觉得你是一个有魅力的对象，那就是德行表演。

我用"德行表演"这个词，可能显得不太恭敬。下面的例子也许能够说明我想表达的意思。

我们都知道杨贵妃，她是靠什么样的魅力得到了唐玄宗的心呢？首先就是天然本钱——长得漂亮。其次是艺术加持，她是个"K 歌之王"，歌唱得好；而且她还是个舞蹈家，什么舞都会跳。但是杨贵妃的下场很悲惨，整个杨氏一族也被灭了。这就使得以后唐朝后宫的女子认为，要想成功上位，就不能走美色或者是才情的道路，一定要走其他的道路。

这就是唐肃宗的妻子张氏所走的道路。

有一段时间，唐肃宗过得朝不保夕。他驻扎在灵武时，叛军随时可能来攻击。这时候，张氏还没有被立为皇后，她就和唐肃宗说："陛下，我给你出个主意。我们晚上睡觉的时候，我睡在外面的房间，你睡在里面的房间。如果叛军突然半夜来袭，臣妾在外面，拿把宝剑，可以为你争取一点点逃命的时间。听到我外面房间有事，你别管我，你就撒丫子跑，我死了也是为了你！"这段话是我发挥的，《旧唐书》中的原文如下："今大家跋履险难，兵卫非多，恐有仓卒，妾自当之，大家可由后而出，庶几无患。"

其实说这话的时候，张氏已经怀孕了。唐肃宗一听这话就哭了，多么贤惠的老婆！他觉得这女人靠谱，太靠谱了，这话太暖心了。

后来过了一段时间，张氏把孩子生下来了，生下孩子以后就应该坐月子。但是当时战事仍然非常紧急，张氏就在月子期间挣扎着下床，给前线的将士缝补衣服。这样一来不但皇上被她征服了，连群臣都被她征服了。不久之后，皇上立她为后。

既然如此，为什么还要用"德行表演"这个词来描述她的行为呢？因为张氏成为皇后以后，就开始与宦官勾结，祸乱朝纲，展现了她狰狞的一面。有些事情她做得非常不堪，甚至把唐肃宗很宠爱的一个儿子害死了。这个故事我就不详谈了。

如果抛开后面她所做的事情不谈，只看前面一段，她的确是竞争中的胜利者，她的"德行表演"一下子就超过了其他所有后妃的表演水平。

总而言之，一个人要在所谓的性选择当中获得优势，实际上有三种"展现"，其一是容貌展现，其二是才艺展现，其三是德行展现。有人可能就要质疑了，这不就是把一种焦虑换成另外一种焦虑了吗？我认为，此焦虑和彼焦虑还是有所不同的。**容貌毕竟是爹妈给的，但是才艺和德行可以靠自己的后天努力获得，大家不妨多做一些自己行动半径之内的事情。**

看脸的世界需要一个解释

很遗憾，这是个看脸的世界。本文要谈谈脸。

"脸"的双重角色

脸对于我们人类来说扮演了两种角色。一是传达信息，二是隐藏信息。你想把感情表达出来或隐藏起来都可以。**人脸既是一个隐私泄露的渠道，又是隐私隐藏的渠道。**

人类要如何获得别人的信息？可以看别人写的文章，读别人脸上的表情，听别人嘴里说出来的话。这些都是间接手段。

日本哲学家和辻哲郎的一篇文章内容非常符合我们一般人对于"脸"的看法。这篇文章写于 1935 年，题目叫《面与假面》。其中一段的大致意思是这样的：我们可以在不知道对方长什么样子的情况下和他交往。比如写信、打电话时看不到对方的脸。即使在这种情况下，我们中国人写信的时候也会写"见字如面"，意思就是看到我的信就像看到我的脸一样。其实日本人也懂这一套。比如，打一个电话，"哎哟，社长"，人马上站起来了。从对方的语气里就可以感受到他大概是怎样的表情。

人类有一种特质，就是会"狂热"地追求脸。

举个例子，如果我画一堆静物，就算把静物画得再漂亮，静物旁边如果画了个小姑娘正在看这堆静物，你首先注意到的依然是小姑娘的脸。

人类的眼睛都是盯着别人的脸的。没有人看一个人先看鞋，当然，鞋匠另当别论。这就是和辻哲郎要表达的基本想法。

而且，和辻哲郎还说了一句很有意思的话，这句话就是中日两国文化相通的地方了——很多话都和脸有关。

"给个面子吧？"

"今天就给大哥一个面子吧！"

"今天丢面子喽！"

这都是基于脸的隐喻，它建立起了我们对声誉的看法，以及对于我们在社会交往关系网络当中所发挥的功能的想法。

和辻哲郎是一个伦理学家，他讨论人脸有一个重要的原因，即人脸在人际关系的网络构建中，的确扮演了很重要的角色。

一言以蔽之，一个人所携带的信息非常多，但若要在媒体上出现，就要先露出你的脸，让大家通过这张脸得到你的信息名片。

举一个例子，我在节目上和大家见面，可能就和在大学里不太一样。我可以在大学里说的一些话，在节目上就不适合说。因为一个人所携带的信息非常多，而对于别人来说，是把握不了那么多信息的，人家只需要看你的脸和名片。这是个很简单的道理，因为社会的运作需要彼此协作。你只要把你需要协作方知道的那一面展现出来就好了。也就是说，不要传达与协作方没关系的信息。

这是一个人的基本道德。大家在一起干活儿，为了提高效率，不需要扯些没用的。

当然，话又说回来了，脸在相当大的程度上也能够起到蒙蔽的作用。比如，司马懿在家装病，真的可以把自己装得像病秧子一样；或者某人心里特别恨一个人，脸上却堆满笑，目的是让对方放松警惕。那么，这会不会破坏人和人之间的协作呢？

当然，人和人之间钩心斗角，有些情况下会破坏协作。但这是我们人类的生物性一个不可避免的特征。**欺骗是进化当中一个很重要的竞争策略。这是个辩证法，人类有互相欺骗的一面，也有互相合作的一面。**如果把这辩证法中的一面去掉了，那对于人类的认识也就不正确了。

竞争性欺骗与社会发展

一个没有任何欺骗的社会就更加进步了吗？其实，充满欺骗和没有任何欺骗，这两个极端都不行。

充满欺骗的社会肯定是不能进步的，特别是在科技领域，因为这种社会没有任何知识产权保护意识。假设有一个叫瓦特的人，辛辛苦苦把蒸汽机改良了，过几天一看，他的成果被窃取了，满世界都是山寨版瓦特牌蒸汽机，他一分钱都没赚到。那他就会想：哎呀！我躺平了吧，人间不值得！我不搞科研了！这样很不利于科学的进步。因此，法院里的法官就会对那些"山寨"瓦特说："你们都要倾家荡产，赔瓦特先生钱。"这样一来，瓦特就开心了，从此继续搞科研，这样社会才能进步。

但是，故事的另一面是什么？

人类不可能完全没有任何遮掩和欺骗。一定程度内的欺骗是为了保护隐私。欺骗在道德上肯定会有一定的问题，但并不一定是违法的。

举个例子，一个公司公开对外宣称："我们公司最近不会研发任何和 ChatGPT 有关的项目，我们会专心做电动车。"然后却在公司内部秘密进行 ChatGPT 的竞品项目，还要在今秋上市。其实这样做并不算违法。等到这个公司突然推出了产品，别人就会很惊讶：他们公司原来已经深耕那么多年了。商业竞争中经常有人放出这种"烟幕弹"，但是你不能告对方违法，对方又没侵权，没有偷你的东西，只是不告诉你在做这个项目而已。

实际上，没有这种欺骗，人类可能无法竞争。所以有时候我们就要做出一张假脸，在别人面前遮掩自己。如果没有脸的传达和隐藏信息这两种功能，那么人们就会陷入两个陷阱。

陷阱之一：信息爆炸。假若没有脸对重要信息的筛选功能，我们就会在信息的海洋里"找不到北"。

陷阱之二：假若没有任何上文所说的竞争性的欺骗，将很难促进社会良性竞争。没有竞争，怎么进步？自然选择既在生物界的层面上存在，一定程度上也会进入人类社会，有竞争，科技才会进步。

最典型的例子，我们今天能够用得上电，靠的就是支持直流电技术的爱迪生与支持交流电技术的特斯拉之间长期的商业竞争。没有竞争，就不会有电力技术在全球的推广。结果，我们这些消费者才是这场竞争的最大赢家，兼收其美。

真心即"变脸"

总而言之，我个人认为，戴着一张假面，是作为社会人的必修课。同时，我们进行社会学习的重要目的之一，就是增强我们变脸的能力。

有人说，那你的真心在哪里呢？我们的真心就体现在我们变脸的能力上，除此之外没有什么真心。譬如，你是一位酒店前台接待员，在上班之前与自己的伴侣吵了架，积累了一肚子的坏情绪。那你是否要将这张充满怒气的脸带到职场呢？不！如果你是一个成熟的职场人，你就会立即变脸，将笑容献给酒店的客人。请注意，这不是伪装，而是职业精神的体现，而且，你要以最大的诚意来维护这种职业精神。这就是我们人类能够在这个地球上生存的基本技能：通过职业分工展现自己需要被人看到的一面，由此提高分工效率。

反思"厌蠢症"

之前我在新闻上看到了一个词，叫"厌蠢症"。

什么叫"厌蠢症"？意思就是说，看到别人没有常识，犯一些所谓的低级错误，就觉得他蠢笨，并对他感到厌恶。

"厌蠢症"的起因

有一个自媒体博主，他叫"小Z"。小Z做了一系列非常有趣的视频，火爆全网。视频的内容非常通俗，就是教大家怎么乘飞机，怎么坐高铁，怎么到医院里挂号看病，怎么到电影院去看电影，怎么租房……关于怎么坐高铁，她就把安检、取票、找座位等整个过程讲得清清楚楚，可以说是事无巨细。

这本是一件好事，但是也有一些负面评价冒了出来：怎么还会有人连这么简单的事都不会做呢？这也要教吗？有这么蠢的人吗？这么无聊的博主也有人追捧，我的"厌蠢症"又犯了……

看完相关资料以后，我首先对这位博主表示敬意。我在国外待过，就说上车买票这件事情，一开始我在国外也搞不定。

有人说，上车买票这么简单的事你不会？

对，我不会！因为在欧洲的很多国家，买票后要在打孔器里面给票打个孔，如果不打孔，就相当于你没坐这班车。我们中国没这习惯，所以我在意大利时就曾因为没打孔，被警察误以为逃票。在意大利人看来，这不是蠢到家了吗？连买票都不会？

接下来我们就要分析一下，为什么有些人会发明"厌蠢症"这个词，它背后的原因是什么？

"厌蠢症"的病因

首先，我认为问题的核心是缺乏同理心。"厌蠢症"暴露了某些人心胸狭隘、包容性差，我认为这是素质问题。

其次，"厌蠢症"的存在，在一定程度上也显示出一些地方基础建设的细节设置还不到位。比如，在上海找门牌号非常累，而且某些小区的门牌号安置的方式也不一定是按照阿拉伯数字顺时针或逆时针排序的，非常错乱。这是一件挺麻烦的事。所以，应该多设置一些图文并茂的指示，让更多的人一下子就能看明白如何抵达自己的目的地。

最后，"厌蠢症"能够流行，某种程度上也说明我们还没有形成协作的习惯。

协作的习惯就是，你和别人接触，第一个想法不是证明你比别人聪明，而是证明我们通过合作能把事情办成，这是我们首先要思考的问题。但很多人和别人协作，首先思考的是我要如何证明自己比对方聪明，我要和对方比高下。在这种情况下，如果有些人不懂某些生活细节，比如，农村来的朋友可能没有学会如何使用城市的一些生活设施，有"厌蠢症"的人遇到他的第一个想法就是"你拖了我的后腿，你怎么这么蠢？我很讨厌你"，而不会反过来思考：我为什么不能设身处地地站在他的立场想一想，他很少来大城市，自然会对这些设施不熟悉，而我作为本地人，应该教他尽快熟悉新环境，这样他就能跟上周围人的节拍了。

当大家都把责任往外推，这就说明我们并没有这种协作的态度，而对于刷自己的存在感这件事，看得实在是太重了。

我们需要更多的"小 Z"

总而言之，"厌蠢症"的流行有三大原因：

第一，缺乏同理心，对于别人的处境和知识背景缺乏同情；

第二，我们的公共交通符号和指示符号不足、比较抽象、不易懂；

第三，很多人还没有形成协作的习惯，一旦人和人之间的协作出现问题，首先会把责任推给别人，觉得别人"怎么连这个都不懂"，而不是反过来思考"我怎么没有做到让你懂"。

当然，冰冻三尺，非一日之寒，这三个问题要一下子解决是很困难的。所以我们需要更多"小 Z"这样的博主，能够把他们在生活中发现的细节告诉大家，这样在相当程度上也能让社会规范深入人心。

那么，我们又该如何化解"厌蠢症"带来的麻烦呢？

通过小说来治愈"厌蠢症"

有一个很好的途径是读小说（包括优秀剧本，以下我暂不区分二者）。小说会展现具有不同思想观念、意识形态、性格癖好的个体之间的戏剧冲突，而要读懂这些冲突，解读者就要站在不同人物的立场上换位思考。只要读者始终保持着对于这两个问题——主人公为何要做这事？他是如何做这事的？——的警觉，他就能通过阅读小说获得在一个适度简化的虚拟世界中进行他心模拟的能力。在这种情况下，他就不会因为俄狄浦斯王不知道自己的亲生父母是谁故而犯下杀父弑母的大罪而将"蠢货"的标签贴在他脑门儿上了。因为读者会很清楚地意识到：假设自己站在主人公的立场上，自己很可能也会犯下同样的错。当然，现实生活肯定要比小说复杂，但在小说提供的虚拟世界中进行他心模拟是进入现实世界的重要精神预备，正如飞机的驾驶员必须在模拟驾驶舱内反复操练，才有可能得到允许去驾驶真飞机一样。

但需要注意的是，也不是所有的小说都适合做这种他心模拟训练。比如，奥斯汀的《傲慢与偏见》或许就很适合拿来做这种训练，而罗贯中的《三国演义》则不适合。这是因为，罗贯中过于鲜明的拥刘反曹立场遮蔽了他对于关键人物的动机分析，比如，写刘、关、张桃园三结义仅仅是因为他们想匡扶汉室——但考虑到这三人当时的社会地位，"匡扶汉室"如此宏大抽象的理念怎么可能成为其行动的具体目标呢？考虑到这一点，我在自己的小说《坚——三国前传之孙坚匡汉》中就赋予了青年刘备一个在我看来更符合常识的心理动机：他与关羽、张飞共同维护的冀州贩马物流线因为黄巾军的起义而被破坏，因此，他必须将他的兄弟武装起来，以帮助朝廷恢复秩序的名义，恢复自己的商业线路。当然，要做到这种他心模拟，作为现代人的我就得大量阅读与研究相关的史料、论文、文物图片，由此努力将自己刻画的汉末英雄的视角内化。

顺便说一句，学写一些微型小说，对于提高换位思考能力是非常有帮助的。比如男生可以站在女生立场上思考问题，反之亦然，然后男生女生将自己写下的文字交换阅读，以获得对方评价，最终提高彼此理解内心的能力。

总而言之，千里之行，始于足下。让我们一起努力吧！

网络暴力的哲学解读

我曾经谈过很多网络热词，其中大部分词只热了一段时间，而"网络暴力"的出现频率一直很高，这就说明这个社会问题频繁出现。下面我就来谈谈怎样用哲学的观点来解读网络暴力。

我想引入一些不同的哲学概念来谈这个问题。第一个概念是"界限感"，这个概念实际上和黑格尔哲学有关，黑格尔没有直接使用这个概念，但他的思想涵盖了这个概念。第二个概念是"爱"，特别是基于人类的爱。这个哲学资源来自费尔巴哈。

抽象人格与界限感

讲到黑格尔的时候，我们首先要讲到的一个词是"抽象人格"。"抽象人格"这个词所蕴含的道理非常简单，就是在社会的市场交易当中，我们每个人的人格都是平等的。

比如，老板和员工甲去排队买奶茶，老板说："×××，你站我后面去，我必须站在你前面。"

员工甲问："凭什么？"

"我是老板啊！"

"那不行啊，你在公司里的确是老板，但在买奶茶的队伍里，我们都是平等的，都是顾客，就要遵守'先来后到'的秩序。**正因为你和我是平等的，所以你即使是我的老板，有些事你仍然是不能够叫我做的。**"

正是因为有抽象人格的概念，所以我们才要有界限感。

什么叫界限感？就是一个人做的事情，只要不明显地影响到别人，或者影响到一些社会契约的执行，他就具有对自己身体和财产的支配权。用穿着打扮举例，只要在当地法律允许的范围内，就可以穿特殊的衣服或者把头发染成特殊的颜色，甚至有些男生大热天把头发剃光，这也是人的自由，没什么太大的问题。

当然，当你穿上别人觉得有点怪的衣服，旁人看了以后，应该怎么做？界限感要求他们"心里不爽，嘴上不说"，因为这是别人的自由。

但是有些人就很喜欢说，甚至在不该说话的时候乱说，通过否定别人的审美品位、穿衣打扮风格，来刷自己的存在感。

站在黑格尔的立场上看，这是一种动物意识。

什么叫动物意识？我们用兔子来举例吧。黑格尔曾经提到，即使是兔子，也会急于证明自己的存在。兔子怎么刷自己的存在感呢？它看到一根胡萝卜，觉得好讨厌哦，居然在这里诱惑我，于是它心里想：哼，我不允许你继续诱惑我，我要否定你的存在！兔子扑上去咔嚓咔嚓就把胡萝卜吃掉了。于是，它的存在感就得到了满足。

很多人刷自己的存在感时就采用了类似这只兔子的思维：用暴力的方式冲上去。这当然不是说吃掉对方，而是用语言来侮辱对方，污名化对方，让对方变成似乎更低一级的存在，和自己不能够放在同一个层面上。职业侮辱、性别侮辱也具有这样的特点。

但问题是胡萝卜被否定就否定了，它是植物，而我们人是有自由意志的，我们不允许自己的人格被别人随便侮辱。

那么，黑格尔的观点是什么？他认为，一个真正意义上的现代社会，是个体的尊重与集体的利益相得益彰的社会。他仍然认为个体自由是重要的，但他所说的个体自由不是我不管社会，就管自己。自由是建立在社会契约上的自由，社会反过来也要尊重个体，个体和集体要相得益彰。

在这样一个框架里面，我认为，一个人要把自己的头发染成特殊的颜色是可以的。

那么为什么很多人要通过否定别人的方式来刷自己的存在感呢？

我认为这些搞网暴的人，可能是因为太闲。一般来说，只要你手头有工作或者有学习任务要完成，即使看到有个人的穿着很奇怪，你也只会在脑中闪过一个念头"欸，这人穿得好奇怪哦"，然后就接着去做自己的事了，你还会花费时间在网上骂这个人吗？只有很闲的人才会做这件事。也就是说，这些很闲的人，因为没有在复杂的社会网络里找到自己能够回馈社会的方式，才会为了刷存在感去做这些奇奇怪怪的事情。

换言之，正是因为有些人过于闲了，找不到自己在社会中的位置，才会虚拟地制造出一个位置，把自己变成一个"道德评论家"。通过兔子攻击胡萝卜的方式，去攻击别人的名誉，来刷自己的存在感，借此发泄心中的负面情绪。这就证明这些人非常缺乏界限感。当他们这样做的时候，没有意识到他们攻击的是个人，不是一根胡萝卜。

黑格尔的哲学理论告诉我们，界限感有多么重要。

爱的教育：民族意识与类意识

导致网暴的因素除了缺乏界限感，还有一个原因，就是缺爱。

"爱"这个词是谁提出来的呢？费尔巴哈。

这个词听上去很空，但是我发现，现在的网络环境确实有点缺爱。

最大的一个特点是，很多人都高举"爱国主义"大旗。爱自己的国家很好，但国家是由什么构成的？是由人构成的。每一个国家都由它的国民构成。所以爱国主义要体现在爱自己的同胞上。但很多人的言行是相悖的。

举个例子，当其他国家出现地震、火灾、火车脱轨这些灾难事故时，网上就有很多人幸灾乐祸。但只要动动脑子就能想到，现在几乎任何一个国家都有中国人。当有些人幸灾乐祸的时候，是否考虑到了他们的安危？

在我看来，这些人所缺乏的是民族意识——散布在全球任何一个地方的中国人都是我们的同胞。

民族意识是什么？凡是本民族的所有的人，都是我的兄弟姐妹。民族意识是类意识之前的阶段。类意识也是费尔巴哈提出的概念，比民族意识还要更高一层：只要是地球人，都是我的兄弟姐妹。

你首先要做到第一步，才能做到第二步。但有些人连第一步都做不到，那么怎么能够指望他们做到第二步呢？

人和人之间这种精神的连接，靠的就是爱。它不是一种抽象的意识，爱本身就意味着某种包容。你如果真正爱对方，你就会包容对方的小缺点。我们不是有句话叫"子不嫌母丑"吗？说的就是包容。

非常令人遗憾的是，现在网络上充斥的是一种敌我意识。敌我意识过强，以至于很多人在没有敌人的时候，还要生造出一些敌人。他们把生活习惯、审美趣味与他们不同的人都视为敌人。这些人的道德境界和费尔巴哈的境界有着十万光年的距离。

再来想想，费尔巴哈的思想引导了谁——马克思。

马克思有一个口号是"英特纳雄耐尔一定要实现"。在这种情况下，马克思会关心这个国家的工人和那个国家的工人在穿着打扮和语言上有什么不同，会去放大这种差异吗？他显然会宽容地看待这种差异。有人误解了马克思，说马克思至少是恨资本家的。错了，马克思恨的是那种抽象的剥削人的制度，而改变这种制度也是为了拯救资本家，将他们从更爱钱的人改造为更爱人的人。

于情于理，网络暴力不可取

我们谈到了两方面的道理。

黑格尔告诉我们的道理是，人和人之间如果没有独立的抽象人格的意识，就会缺乏界限感，人就会随时侵入别人的私人领地。

费尔巴哈告诉我们的道理则是，人和人之间要联系起来，需要"爱"这个凝结剂。

前一个道理讲的是"分"，后一个道理讲的是"合"。但无论是分还是合，它们都是反对网络暴力的。

一个好的社会既需要在理性的层面上维护每个个体的自由，也需要爱。恰恰是因为我们缺乏爱，所以人和人之间的协同力就下降了。因为很多重要的科学发现和生产活动都需要人和人的协作才能完成，所以，缺乏协作力，也会削弱民族的竞争力。

奉劝所有的读者朋友，热爱国家，首先要从热爱自己的同胞开始。

那么，有人就要质疑了，现在网络暴力的问题很严重，文中写的这些好像都是很空的大道理，并不能解决实际问题。但我认为，网络监管要发挥作用。我们应该发明一个程序，能够迅速地判断出某句话是带有暴力的，然后把它进行禁绝。这又需要通过人工智能来实现了。现在的 ChatGPT 是不是能胜任这样的工作呢？请参见本书讨论人工智能哲学的内容。

希望大家能够用更多的理性和更多的爱来面对网络暴力，让我们的网络氛围更加和谐。

这届年轻人为什么不想上班了？

最近有小伙伴向我发出了一个灵魂拷问：你爱上班吗？

我想了想，肯定地说：爱上班啊。

小伙伴却说：我不爱上班！

为什么这届年轻人都不那么爱上班了？这是个很有意思的问题。

为什么上班是痛苦的？

不爱上班是不是一种罪孽？首先我来缓解大家的焦虑：实际上不止年轻人不爱上班，中年人也不是真心热爱上班。中年人家里往往有一堆糟心的事，上有老，下有小，比年轻人还要麻烦，但是中年人更能忍。他们虽然也不爱上班，但是不说出来，默默地就去上班了。这就是中年人和年轻人的区别。

接下来我们就讨论一下，为什么大家都觉得上班痛苦，只有少数的人觉得上班是享受。

少数人觉得上班是享受，也是有条件的，除了因为他们是老板，还可能因为他们的工作很特殊，是一种创造性的工作，特别有趣。但是大多数人的工作都是重复性的劳动，无论是在流水线上，还是在办公室里，日复一日、年复一年处理的都是相似的工作，非常无聊。

人类的祖先在采集狩猎的时代里度过了上万年。那时，他们实际上生活在一个相对自由的劳动空间里。当然，他们也得劳动，不劳动不得食。他们要去采摘果实、捕猎野兽，而且劳动也非常艰辛。但它的好处是什么呢？有创造性。今天想想打哪个野兽，明天看看摘哪种果实，这工作不乏味。

最重要的是，如果他们生活的大森林或者大草原的猎物非常丰富，可采集的植物也品种繁多，那么只要投入很少的劳动量，就可以做到衣食无忧。

这意味着什么呢？他们有大把的闲暇时间。这些时间可以用来求偶，可以用来唱歌，或者跑到山洞里拿含有各种各样矿物成分的石头，在岩壁上画画。他们爱干什么就干什么，这日子过得多舒心啊！

严格来说，我们智人作为一种杂食动物，是喜欢这种无拘无束的自由生活形态的。这种自由的生活形态是我们的生物学本性，已经刻在 DNA 里面了。

现代意义上的劳动就和采集狩猎时代有很大的区别了。甚至可以说，它和农耕时代的劳动也有很大的区别。农耕时代的劳动虽然很辛苦，但它有农闲的时间，这段时间应该也没有太多的事情做，基本上人们想干什么就干什么。

而现在大多数城市居民的劳动方式是什么呢？基本就是朝九晚五，按时打卡，在钢筋水泥的建筑中的某一个格子间，每天都要完成一定的工作任务。这违背了我们的生物学本性。

谈到这里，大家就要问了，我们是不是应该回到古代或者是史前的那种状态呢？为什么一定要停留在现代的状态当中？

为何不恢复古代秩序？

古代的劳动更符合人类本性，但我并不主张恢复古代秩序。因为现代这种高度压抑人性、高度重复的劳动是分工带来的，而分工是提高劳动效率的法宝。

这道理非常简单。比如，你要做一件家具，如果从头到尾把所需的零件全部做好，的确，你会很有成就感，因为这件家具任何一个部件都是你亲手做的。但是这样会降低效率，因为极少有人对所有零件的生产都非常在行。所以通过分工，每人专门负责做一个零件，利用他的专长把这个零件做好，然后把这些零件组装起来，这样劳动效率是最高的，生产率也最高，而且能够使得整个产品的价格降低，让产品卖得更好。

但这里的问题是，效率提高了，生产力也提高了，带来的副作用是什么？

这个副作用就是，每一个环节都非常无聊。

这会导致我们产生很大的困扰，因为我们的心理本性会和生物学本性相冲撞，导致我们在现代社会中产生巨大的被剥夺感。

这个被剥夺感不一定是指你的工资低了。即使你碰到一个好老板，给你的福利非常好，只要你的工作是高度重复性的，你仍然觉得有一个东西被剥夺了，这就是你的自由时间。你本来可以用这些时间去干很多别的事情，但是不行，你一定要在这个流水线上重复干这样一件事情，真是无聊至极。

这种厌倦情绪的产生，可以说是现代人的宿命，因为这个现象是和现代工业的生产方式及与之相应的生活方式紧密相连的。你想要彻底摆脱它们，我认为是不可能的。

所以，得适当地认命。

但是大家还是觉得很痛苦，那该怎么办呢？我们要找到一些化解之道。我们不能完全消灭痛苦，但至少要让这种痛苦变得不那么沉重。

解决乏味的方法

能够想到的最简单的化解之道，就是进一步提高劳动生产率。自动化机械、人工智能技术的介入，使得我们痛苦劳动的时间进一步变少。类似的方法还有，通过劳动保障条例，保证员工的自由闲暇时间，让劳动的时间能够得到压缩。

另一种方法，对一部分人来说是能够起到作用的：找一个能够发挥专长的工作，做这种工作的时候就会非常开心。这样就能够避免重复劳动带来的精神压力，让自己的才能得到全方位的发挥，枯燥感也会降低。

我现在在写比较严肃的学术论文之外，也在不断扩展自己的兴趣，比如做一些节目，用比较通俗的方式把艰深的哲学道理阐发出来。这也给我一个机会检测一下这些哲学道理在公众当中可被接受的程度，反过来也可以帮助我改进教学的技巧，提高讲故事的能力。我觉得这就是一件非常有趣的事了，也会让我的工作少一些枯燥感。

内卷中蕴含着怎样的哲学机制？

本文的关键词就是两个字：内卷。

内卷在近一两年里成了互联网上的热词，大致的含义是，在同一个领域里的简单投入，导致了过度的竞争，而且这种竞争又是低技术含量的。

比如，年终总结报告，小张写了5000字，我要和他卷一卷，我写了6000字，交上去之后发现，还有人写了10000字。这导致人们大量的时间和精力都被消耗在了一些无意义的地方，难道3000字就不能把事情说清楚吗？凑字数又不能带来真正的创新性进步。我个人认为，内卷消耗了很多年轻人的时间和精力，对于社会的进步来说几乎没有正面的意义。

数字化的管理带来内卷

为什么内卷的现象会如此频发呢？我认为这和我们现在的数字化管理方式颇有关联。我们喜欢用数字化的方式来对不同的人、事进行统一化处理，最后就会导致内卷。

也许有人会问，数字化的管理为什么会导致这个问题呢？数字化明明是个好东西啊。

大家可能听说过这样一种说法：如果一门学科还没有达到数字化的阶段，它就不是科学的。同样的思路，对整个企业的管理也要用数字化的标准来进行衡量，否则它就不是科学的。这就非常有意思了，科学化的管理思路导致了数字化，而数字化的评价方式导致了内卷，最后内卷又导致了整个社会的活力丧失。这样看来，我们似乎应该舍弃科学化的管理。这听上去好像也有点不对劲。

我认为，用数字化的手段来描述自然科学，大体上是不错的，但是用数字化的手段来管理，多多少少有点问题。

为什么两者之间会有这种不可比性呢？因为在自然科学的领域，我们能够找到一个具体的量纲。量纲就是单位，比如牛顿第二定律公式中，m指质量，a指加速度，F指合外力。这样的一些概念背后都有特定的单位，如果你把单位搞错了，整个式子就没有什么意义了。所以我们一定要找对单位，结合量纲，给出数学描述，这样才是有意义的。但是在管理的时候，我们很难对一件事情的一个意义进行充分的评估。举个例子，在学术界经常出现这样的问题——年终评估一定要看你发了多少篇论文，但论文的质量要怎么评估呢？我觉得我这篇论文好，而别人觉得这篇论文差，标准很难统一，结果只能根据刊登这篇论文的期刊的权威等级来判断。如果期刊的权威等级高，论文的权重值就高；如果期刊的权威等级低，论文的权重值就低。

这种评判标准在科学领域里也是有问题的。有些诺贝尔奖获得者的论文，就没有在很权威的杂志上发表，而是发表在一些名不见经传的杂志上，但是经过时间的锤炼，很多没有发表在权威杂志上的论文也被证明具有很高的学术水平。我的哲学研究方向是人工智能哲学，因此常看一些人工智能方面的论文。我也发现很多专家写的很牛的论文并不是发在专业的人工智能期刊上的，而只是在一些人工智能主题的会议上，作为会议期刊文集中的一篇发表了。这些论文本身也有很高的引用率，对学术界产生了很大的影响。如果按照现有的评价体制，你就会忽视这些论文的真正分量。

为什么要进行量化管理？

由此，大家就会想到这样一个问题：既然纯粹用数字化方式来计量人类精神劳动的价值，本身是有很多问题的，那为什么大家还是喜欢用这种方式呢？

这是因为我们现在的社会管理方式虽然相对来说比较粗糙，但只有通过这种方式对各个部门的工作、成绩进行全面的评估，才能够快速衡量各个部门的绩效，从而在商业层面上推进组织的进步。

如果不用这种方式，管理者就会失去自己的评估手段，就可能导致不公平的问题。当每个人都觉得自己的论文写得很好，都要求同样量级的奖金，你让上级怎样做出一个公正的决断呢？既然没有办法找到决断的方式，就只能诉诸简单的计算法则。

而大家为了在数字上有一个亮眼的成绩，就会陷入所谓的"数字军备竞赛"：你发6篇论文，我发7篇论文，谁怕谁？于是，就陷入了内卷。

但是大家也都知道一个道理：慢工出细活。如果只是追求论文的数量，而不是追求论文内容质量，就会导致学术研究日益肤浅化，以后能够做出开创性研究的概率就相当低了。

从黑格尔的视角看内卷

如果大家想要知道这背后的一些哲学道理，可以参考一部重要文献——黑格尔的《逻辑学》。黑格尔的《逻辑学》讲的并不是形式逻辑，而是讨论人类的各种思维范畴之间的关联。在《逻辑学》中，黑格尔讨论了量的关系和质的关系，这在我们的日常生活中是很重要的。

比如，看完学生的一篇论文，有人问我写得好不好，我很迅速地回答："好！"他继续问："那么，应该打几分呢？"这时我会思考一下再回答。

老师往往在说这篇论文好不好的时候，回答得非常快，但是在回答能打几分的时候，会再仔细想一想。这是为什么？因为我们的大脑在做出判断的时候，质的判断是先行的，量的判断是后行的。

这体现了人类思维的一个特征，质的判断在前，量的判断在后，这是黑格尔在《逻辑学》里面指出的一个重要哲学观点，我认为这是符合实际的。

但是现在，我们的评价方式往往是颠倒的，量的判断在前，再通过量的判断倒算质的等级应该是什么。这就使得很多人会为了追求量的增加，而陷入一些不必要的"数字军备竞赛"。

那么，如果我们要追求一种更加符合人类思维方式的评价标准，让质的判断能够居先，量的判断能够放在后面，又该怎么做呢？实际上，我们需要对现有的评价制度和评价体系做比较大的修正，从对于整个事的评价转向对于人的评价。也就是说，我们不去评价一个人到底做了几件事，而是评价他在做这些事的时候，到底体现了怎样的工作素质。

有人说，对人的评价很容易导致任人唯亲的问题，我认为这个问题是可以解决的。如果评价主体本身能够多样化，让彼此参与互评，通过统计学的方式，很大程度能避免任人唯亲的问题。所以，我理想中的评价方式，有点像汉朝末年出现的"月旦评"。

大家如果看过《军师联盟》，大概也会记得，"月旦评"就是由一群高级知识分子建立了一个公信力比较强的网络，对于当时儒生的品行和能力进行一番比较公正的评价，然后大致给出一个等级的区分，但是并没有很清楚的定量分析。如果有人觉得这样的"月旦评"不公平，也可以提出一个类似的评价标准与之进行竞争，用这种方式来维持优良的社会风气。

我认为，借助现代信息技术，这种"月旦评"的评价方式也许是有条件在现代生活中得到复活的。

总而言之，要对抗内卷，我们既要读黑格尔的《逻辑学》，也不妨从中国儒家的人才品评方式当中找到一些相应的启发。大活人被那些冷冰冰的数字"管死"，可是一件非常糟糕的事情。

吃瓜群众与花车效应

本文想聊一个很有意思的话题，就是"吃瓜群众"是怎么被忽悠上"贼船"的。

这主要指的是当今互联网时代产生的一种现象：很多人缺乏独立思考的能力，在网络上看到一些消息，听风就是雨，很容易被一些声音带偏方向。

花车效应

上述现象实际上在心理学中有专门的术语，叫"花车效应"。花车效应最初是指美国竞选的情况。比如，美国有两个地方议员候选人竞争同一职位，为了方便理解，我们管他们叫张三和李四。

首先你听了他们的街头演讲，发现讲得都很不错，实在难以抉择。这时候人们找到了一个很简单的指标，就是看谁的花车做得好。

每个议员在进行竞选的时候，都会有团队帮他做漂亮的花车。这花车上有些地方插了国旗，有些地方插了花，有些地方插了一些其他的东西。有些人不惜工本，把花车做得特别漂亮。如果张三的花车做得不错，李四相比寒碜了很多，很多人就会把票投给张三。

这和张三、李四他们的本事有什么关系？没什么关系，但很多人投票就是取决于这些微小的因素。

普遍存在的花车效应

有人说，你说的是美国人，我们也没那么蠢吧。

其实我说的是普遍的心理现象。举个例子，商业社会到处都有广告，广告的作用是什么？就是把花车做大。如果你一天到晚看到某个醒目的广告，那么它就会入你的脑、入你的心了。

这种花车效应不止存在于商业社会。有时候不同的花车甚至会造成国民内部的思想分裂。

假设有两个国家打仗，一个国家叫 R，一个国家叫 U。有些人比较喜欢 R 国，所以他搜集到的信息都是 R 国取得胜利，U 国被痛打；有些人却觉得 R 国是在侵略 U 国，所以就会去搜集 U 国胜利的信息。

结果，互联网上就出现了这种现象：一条 R 国赢的信息下面，大多数评论都是顺着 R 国赢的信息的；而 U 国赢的信息下面的评论也都在顺着 U 国胜利的信息。

这是为什么呢？因为大家坐上了不同的花车。

不同的花车会造成同温层效应，吸引和你想法类似的人上来留言，这就造成了"我这个同温层里的人很多"的错觉。实际上，有可能双方都陷入了这种错觉。

如果要寻找真实的网络声音，就要跳出这两辆花车，站在更加公平的第三者的立场上去看，才能够得到一些更客观的答案。

花车因时而变

看到这里，可能就会有读者觉得，花车效应是不是一种很糟糕的效应，让我们的脑子陷入虚假信息宣传的旋涡？

其实，花车效应在古老的时代的确有一定的客观指标意义。比如，在采集狩猎时代的部落里，一个男人展示性感的首要方式不是展示他的肌肉，而是展示他身上的伤疤。伤疤多就说明打猎多，对部落做出的贡献也比较大。后来，有些部落为了展示一个人做出的贡献，会让他文身，文的图案越多就表示这个人越厉害。如果相邻部落的人到这个部落来拜访，看到某个大汉身上都是古怪的文身，就会想：哎呀，壮士啊！

但是你也许会说，这些文身有可能是假的，有些人也许会为了炫耀故意制造虚假信息。可我们的祖先一般不这么想。除了我们的祖先都比较朴实之外，还有一个原因，就是在物资非常匮乏的时候，文那么多文身，需要花费很多时间和精力，所以故意作假这件事情是得不偿失的。因此，在时间有限的情况下，部落民众一般都会选择把真实的信息记录下来。这也为部落之间的协作创造了便利。比如，在两个部落中找出文身最多的人，做各自部落的领袖，大家再组成一个联合指挥部来对抗第三个部落。如果两个部落都是造假部落，根据文身选出来的是两个没什么战斗力的领袖，这不是把大家害死了吗？

远古时代人少事少，后来人多了，事也多了。因为我们的生产力发达了，这就导致造假成本降低了。现在的造假多可怕，什么东西都可以做得活色生香，把大家忽悠得一愣一愣的。由于人口基数的扩大，鉴别骗子比上古时代困难很多，这就解释了现在骗子为何那么多。

理性站队，少上花车

电影《埃及艳后》讲述了这样一个故事。公元前 30 年，埃及女王克里奥佩特拉和罗马的军队爆发了一场海战，叫亚克兴海战。克里奥佩特拉的军队被打得很惨，这个消息如果传回埃及，传回亚历山大里亚，很可能政权就崩溃了。克里奥佩特拉立即下令，把虚假的捷报传回亚历山大里亚。这就相当于做了个假花车，以便先稳定住政局。

但真的假不了，假的真不了。罗马军队在埃及办完庆典以后就杀过来了。老百姓一看，罗马军队不是被歼灭了吗，怎么又冒出来了？之前的捷报肯定是假的。最终克里奥佩特拉也只能自杀了事。

这也是给所有想把谎扯大的人的警告，要以克里奥佩特拉的悲惨下场为戒。造假者要自知造假一旦被识破所面临的下场。

但是对于我们普通的吃瓜群众来说，面对那些虚假信息，最重要的是提高自己的鉴别能力。如果一个人做了一个虚假的花车，肯定要撒很多的谎，而凡是谎言都会有逻辑矛盾。

所以要运用我们的思维，找到花车上的逻辑破绽，然后就能轻松地选择自己该上哪辆花车了。

最后，我还是希望大家谁的花车也不要上，只踏上自己能够驾驭的那辆人生的马车，沿着康庄大道前行。

如何成为真正的精神强者？

　　什么是真正的精神强者呢？如果你是这样的一个人：根据一些逻辑的检查，能够勇敢地剖析自己的错误，然后勇敢地去承认并改正错误，我就得恭喜你，你是一个真正的精神强者。

　　也就是说，要成为这样的人，你必须学会检查自己的逻辑是否有错误，这需要培养理性思维能力。而在此之前，培养道德也非常重要。

精神强者的道德品质

　　要成为精神强者，首先在道德上要谦虚、谨慎，要以真理本身为最大的规制。不要把自己的面子看得过于重要，要记住圣人所说的话，"三人行，必有我师焉"。

　　从别人的话中获取信息时，有两种思维方式，一种是海绵式思维，另一种是淘金式思维。海绵式思维是别人滔滔不绝地在说，而你在听，像海绵吸水一样地把别人说的知识全部吸收。但在这个过程中，你没有主动性，别人说什么你就听什么。淘金式思维则是，你对信息有自己的选择，是带着问题去听的，这样就能获得重要的信息了。

其次，精神强者不能感情用事。不能因为别人和自己所处的社会地位不同，而产生自卑或者是狂妄的心理；不能因为别人所处的社会地位来给对方贴标签，然后对别人的话产生盲目的信任或者排斥。但问题是，很多人的人身攻击就是对人不对事。比如地域歧视，或者仇视某个阶层的人，有些时候也体现为性别歧视，在国外可能更多地会体现为种族歧视。

人身攻击的一种恶劣形式就是用污言秽语去攻击别人，这在论证当中是极端的，是要被排斥的一种现象。而这种现象在互联网上却非常多。

接下来，我们说说如何培养理性思维，特别是逻辑推理能力。要培养此类能力，还需要特定的场景，比如与他人讨论问题的场景。

精神强者如何同他人讨论问题

在讨论问题时，要注意：即使你是一个占理的人，也不能得理不饶人。

比如，你在提问的过程中，要让你的谈话对象感受到你的提问是积极向上的，是为了把问题澄清，而不是为了自我显摆或贬低别人。如果别人感受到了你的这份善意，他也愿意以真挚之心来回应你的提问，那么对话就可以以一种比较健康的方式进行下去了。

保持健康的对话有一个诀窍，就是不妨让对方复述观点。比如，可以说："仁兄，你刚才说的这段话我已经听了，但是愚弟才智有限，你能不能把你的观点复述一遍，或者我来复述你的观点，你看我对你的观点的理解是不是有问题。"这样说，既表示了恭谦，同时通过复述也能留给自己更多思考的时间。

除此之外，还要避免一厢情愿的说话方式，也就是说，不要觉得自己所说的一定是对的。一厢情愿的说话方式在论证中会形成一种错误的倾向，把对方不承认的某种观点硬灌输给对方，或者说强加给对方。这就是所谓的"稻草人谬误"。比如，某教授仅仅说某种药具有一定的疗效，你非要把这句话歪曲成某教授说某种药是奇药、包治百病，结果发现了某些负面案例后，就说这个教授胡说八道。但实际上胡说八道的是你，这位教授从来没有说过这种药包治百病。

在讨论问题的场景中，还常常会出现一种推理谬误，就是偷换概念，同一个词的含义改变了，但是说话人却不告诉别人词义改变了。

比如，有人说："张三不是一个真男人，他看到坏人就尿。"这时候李四说："你不能这么说，我觉得张三是个真男人，他身上有很健壮的肱二头肌、腹肌。"

李四说的话实际上就是在捣糨糊。因为第一个人说的"真男人"主要是指有血性、敢于和坏人坏事作斗争，而不是指身体特征。

还有一种不算错误的对话逻辑。就是当一件事的解释或论证不清楚时，说话者就会说："不要争论了，现在有个奇迹，这个奇迹的出现本身就足以证明我的结论是对的！"譬如，假若一个昏庸的皇帝要证明自己是一个了不起的皇帝，足以配得上去泰山封禅的话，那些爱拍马屁的大臣就会顺着皇帝的意思说："陛下怎么可能不是像尧舜禹那样伟大的圣君呢？您看，天上的彩云，与诸国献上的五色鸟，便是证明这一点的祥瑞啊！"需要注意的是，"祥瑞"一词是与"奇迹"相对应的概念，专门指那些理性无法解释其成因，却足以为特定政治人物或政治事件涂脂抹粉的罕见自然现象。很显然，祥瑞也好，奇迹也罢，其出现就是为了堵住反对者的嘴，使得那些不能被跳步的论证被强行跳步。但这种论证是无效的，因为没有排他性的论证来证明某某天象的确只能是好兆头，而不是坏兆头。譬如，1886 年 5 月，醇亲王奕譞奉慈禧太后之命巡阅北洋海防，结果在巡阅接近尾声时看到了壮观的海市蜃楼景象。这算不算祥瑞呢？奕譞觉得是，并因此命令画师将其画了下来；但一些喜欢玩事后诸葛亮把戏的人说这是凶兆，因为这似乎意味着貌似强大的北洋海军只不过是海市蜃楼罢了。那么，到底哪个解释对呢？很显然，都不对。海市蜃楼只是自然景象，其产生和消亡与北洋海军的命运属于不同的因果链条。

精神强者需要掌握因果推理的逻辑

我们人类是一种好奇的动物，但有时候正是因为我们急于找到原因来满足我们的好奇心，结果导致错配因果。实际上这个原因不一定是正确的。

所以我们要避免掉入坑中，要进行正确的溯因推理，来减少发生错误的因果匹配的可能性。

在进行因果推理的时候一定要注意一点，就是我们能够想到的原因未必是事件发生的唯一原因。这里要补充一些概念，一件事情的发生包括充分条件和必要条件。充分条件就是指，如果具备了这些条件，后面的事情就能发生，但是后面的事情不一定要依赖前面的事件。比如，你要到北京去，如果你有去北京的意愿，买得起火车票，而且也买到了火车票，火车正常地运行，你也正常地上车了，所有这些条件综合在一起，你最后就会安全地抵达北京。所有这些条件的综合，我们可以称为一个充分条件。但这个充分条件并不是必要的。比如，火车并没有正常地运行，你改成了坐飞机，最终还不是照样到了北京吗？你去北京当然还是需要一些必要条件的。这些必要条件就包括了如下这些事项：至少有人要为你的旅程埋单，不管是你还是别人；不同的城市之间，必然有一些现代化的交通管道，这些就是必要条件。如果没有这些必要条件，怎么解释你可以在很短的时间内就能够到达北京呢？

必要条件和充分条件是不同的，必要条件肯定是原因的一部分，充分条件则未必是一件事情所发生的原因，因为还会有备选的充分条件。

更重要的是，我们不要认为前因和后果之间的前后相续本身就保证了前因就是前因，后果就是后果。

的确，原因经常在结果之前，但是这并不意味着发生在前的就是原因，在后的就是后果。雷雨天，你是先看到闪电还是先听到雷声？大家都会说是先看到闪电后听到雷声。但是，你能够因此认为闪电就是打雷的原因吗？这个说法在科学上是不靠谱的。我们先看到闪电后听到雷声，纯粹是因为声音的传播速度要比光速慢得多。这是一个很好的例子，可以证明前后之间的关系并不一定就是因果关系。

精神强者需要强批判性思维

要想剖析逻辑错误，我们还要掌握批判性思维。批判性思维有两种，一种叫弱批判性思维，一种叫强批判性思维。弱批判性思维指的是针对别人的观点进行批判，指出观点中有哪些地方是有问题的。强批判性思维就是针对自己所提出的观点、所持有的信念进行系统地反省，指出自己所持有的信念体系哪里有问题，哪里需要修正。

维特根斯坦就是强批判性思维的典型，他的晚期哲学系统性地驳斥了他的早期哲学。他的很多学生都见过，维特根斯坦在上课的时候做一个哲学推演，推演到一半，他就觉得错了，然后就在课堂上不停地抓头发、躺在地板上——这做派有点怪。他反复说自己有多蠢，这个论证做不下去。他完全不考虑一个老师在学生面前说自己很蠢，是不是会破坏自己的形象，他觉得无所谓，因为他看重真理本身。这就意味着，强批判性思维需要一个更加健全的人格，一些非常敏感的、自尊过高的人，是形成不了所谓强批判性思维的。

批判性思维之难，并不在于批判别人，而在于批判自己；不在于否定别人的观点，而在于修正和改变自己的观点。这就需要和自己的自尊心作战。所以，只有精神强者才能接受真理的光芒。

心灵地震之后，如何重建当下？

请大家想象这样一个画面：你不知道因为什么，遭到了诸神的惩罚，每天必须把一个大石球从山脚往山上推。当你马上要推到山顶时，这球又滚到了山脚下，无奈的你只能又回到山脚，重新把球往山上推，如此周而复始，没有一刻停息。日复一日，对于你来说，这已经成为必须接受的命运了。

在这样的情况下，你完全感受不到自由。你觉得自己完全陷入这个循环里了，根本跳不出去。你永远都不可能真正把石头推到山顶。在这样的情况下，你还会不会觉得人生有意义呢？

这就是西西弗斯神话带给我们的问题，这个问题引发了很多存在主义者的思考。而我要告诉大家的是，不要以为西西弗斯神话只是一个思想实验，在现实生活中，还真有一个西西弗斯神话。

关东大地震：现实中的西西弗斯神话

1923 年的秋天，日本发生了关东大地震，这次地震可谓日本现代城市化进程中发生的灾难事件。宫崎骏先生的电影《起风了》中有一段就展现了关东大地震的恐怖场面。地震发生的时候，德国大哲学家海德格尔的日本学生九鬼周造正在欧洲留学，很多欧洲的同学都在报纸上看到了日本地震的消息。大家问他，地震以后你们日本会怎么办？他说，地震以后我们当然是重建呀，这问题好奇怪。

欧洲的同学却说，不不不，你们不能重建，现在有很多地质学家做出了最新的研究，日本这个地方是不能够造城市的，100 年以后还会有一次地震。你们辛辛苦苦把一个城市造出来，再来一次地震不就又塌了？

九鬼周造说，如果 100 年以后再次发生地震，还可以重建啊。

大家说，这不是西西弗斯吗？

九鬼周造说，对啊，这就是西西弗斯，有问题吗？

欧洲学生又问，为何不干脆选择非地震带建造城市呢？

九鬼周造说，你不懂，你要从哲学的角度去思考这个问题。这个问题与时间哲学相关。

圆形时间观

九鬼周造在这里说的并不完全是日本的哲学，他其实是站在整个东方佛教的立场上来解释圆圈式的时间观和西方的直线式的时间观之间的不同。

先来讲讲什么叫直线式的时间观。直线式的时间观很好理解：过去的熊是小熊，现在的熊是一头中等大小的熊，未来会变成一头大大的熊。当它是小熊的时候会想，我要慢慢长大，变成一头更大、更强壮的熊。

我们在每一个时间段都会看到一个目标，这个目标就在前方。所以我们的人生就是从现在出发，奔向未来的目标。但如果目标崩溃了，我们存在的意义就没有了。

小说《三体》开篇就说，物理学不存在了，很多物理学家都自杀了。为什么呢？因为他们人生的目标是要探索物理规律，物理规律已经崩塌了，那物理学家还活着干吗呢？

在这样西方式的直线时间观下，就很难理解日本人为什么还要重建东京。但日本人说，你们用的是线性的时间观，咱们换一种佛教式的时间观就不一样了。

佛教式的时间观是圆圈，有点西西弗斯的味道。圆圈的特点是，说不出来哪里是起点，哪里是终点，起点就是终点，在圆圈上的任何一点都是如此。所以当你在这里重建城市的时候，未来在哪里？未来就在这里。

日本哲学家西田几多郎提出了一个概念，叫"永远的今"。什么意思？当下就是永远。他还作了一首诗，大意是：啊，天上的那轮阿倍仲麻吕曾经看到的唐朝的月亮啊，你还在凝视着我。

每一个起点都是终点，唐朝的月亮其实就是今天的月亮。这件事很有趣。

有了这种新的时间观以后，你就会发现，即使日本在未来会被摧毁，但这个未来只是按照线性的时间观才成立的。**按照圆**

圈的时间观，未来就是现在，所以它随时都在被摧毁，随时都在被重建。那我就现在重建好了，只要我现在开心就好。这样的一种哲学，能够解释我们很多人不理解的一些佛教的时间观下的行为。

比如，在藏传佛教里有一种修行，很多僧侣很虔诚地用彩色的粉在寺庙的地板上铺成类似唐卡的画，非常美，要忙一个月。忙完以后，他们做了一件事情：拿扫帚以最快的速度把一个月的劳动成绩全部扫掉，一点都不怜惜。

为什么呢？他们要通过这样的行为反复告诉自己，任何的建设都意味着毁灭，任何的毁灭都意味着建设，用这种圆圈式的时间观来清洗掉一种线性的时间观。

心灵的重建

写了这么多，大家会觉得非常玄乎，这些和我们的日常生活有什么关联呢？城市的灾后重建这种宏大的话题好像离我们比较远，不是平常需要思考的问题。

其实，在日常生活中，我们经常会碰到小规模的地震后的重建。比如，你辛辛苦苦做了一个方案，觉得能够被老板看中，结果老板说"不好"，直接把你的方案否定了，这是不是一种小规模地震？这不要紧，你不要因为别人否定了你，你经历了一次心理地震，就认为这件事没有必要做了。你要继续做，当这个时间的圆圈再转回来的时候，就有时来运转的机会了。

一件事，如果你觉得它有趣，你觉得它需要做，那你就做吧。

同样的道理，日本人为什么要重建东京？是因为他们对东京这座城市有感情，如果没感情可能也就迁都了。既然对这个城市有感情，那就重建。我们的人生也要面临很多心理重建的场合，你只要记住，**未来就在当下，而并不在遥远的地平线上**，那么你就有了重建的精神动力。这也是西西弗斯神话可以带给我们每个人的启示。

02

当思维突破局限

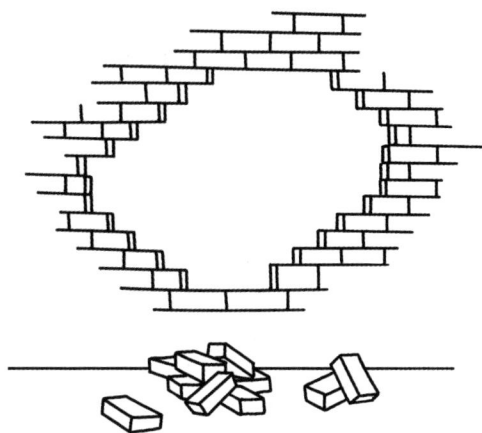

废话文学 ≈ 形而上学?

这篇文章要谈的话题是所谓的废话文学。大家可能要问,废话文学到底是什么意思?

如果你理解我的意思,你就自然明白我的意思,就请你把我要说的意思给意思出去,大家意思意思。

上面这句话本身就是废话文学的一个例子,貌似是同义反复,但是好像还是说出了一点不一样的意思。

哲学家的"废话文学"

严格意义上讲,逻辑上的同义反复是"张三是张三""曹操是曹操""p 是 p""我是我"。但是,你仔细想一想,废话文学里出现的同义反复,比如"每呼吸 60 秒就过去了 1 分钟",这句话好像还是传达了一些有用的信息,也就是说,1 分钟就是 60 秒,这是看待 1 分钟的两种不同的方式。

这么一来,大家可能要说了,在哲学史上是不是有很多哲学家也喜欢讲这种废话呢？这方面的例子确实有很多很多。比如，黑格尔说，所谓实体无非就是主体，所谓主体无非就是实体；康德说，我思这一表象必须伴随我的一切的表象，这一点是必然可能的……可见，哲学史上的很多名言都有这个特点。

特别有意思的是，在20世纪上半叶，中国哲学界还展开了一次关于"废话文学"的重要争论。争论的参与方都是哲学界的大咖。

一派哲学家以洪谦为代表，关于废话文学，他的一个基本观点就是：废话就是废话。"p就是p""张三就是张三"，这就是废话，废话就是没有含义的话，这样的一句话本身只能够按照逻辑的要求来判断它到底是真还是假。比如，按照逻辑的判断，"p或者非p"这个句子就永远是真的。张三要么活着，要么死了，不可能既死又活。所以，"张三要么活着，要么死了"就是句废话，因为它永远是真的。那么"张三既死又活"，这句话将永远是假的。这根据逻辑就能判断出来，这是洪谦的观点。

和他对抗的一派哲学家，以冯友兰先生为代表。冯友兰先生认为，有一些废话——就像我们今天所说的废话文学，貌似是废话，但是讲出了一些很深刻的含义，而且逻辑学是不能把它的深刻含义予以穷尽的。这一类命题就被他称为"形而上学"命题。

形而上学与废话文学

"形而上学"命题在冯友兰先生那里被理解成是非常接近废话，但实际上又比废话多一点点内容，这一点点内容又非常具有哲学含义的那些话。而且，他围绕这些看上去好像是"废话文学"的基本的"形而上学"命题，给出了非常复杂的哲学体系。这个哲学体系就体现在他的一部非常重要的著作《新理学》里面。

引用几段冯友兰先生的"废话文学"（冯先生的措辞略带民国风，与现代汉语风格有别，请读者注意）：

> 凡事物必都是什么事物，是什么事物，必都是某种事物。某种事物是某种事物，必有某种事物之所以是某种事物者。

这是他的第一组命题，你能弄明白他到底在说什么吗？看起来好像说的都是"废话"。

> 事物必都存在，存在底事物必都能存在，能存在底事物必都有其所以有以能存在者。

这是第二组的"形而上学"命题。

> 存在是一流行。凡存在都是事物的存在。事物的存在是其气实现某理或某某理的流行……

这是第三组"形而上学"命题。

这句话稍微有点复杂，它牵涉一些哲学概念。"气""理"，这看上去不像是现代汉语。这话的意思是：万物构成都需要"气"，构成的方式需要遵循"理"，结果呢，只要有"气"有"理"，上至恒星下至蝼蚁，其存在都能得到证明。

到这里，大家就要问一个问题了，那么哲学里讨论这样一些所谓的"废话"，它的基本目的是什么呢？

这我就要稍微"安利"一下"形而上学"了。

"形而上学"是什么？

关于"形而上学"，不同的人有不同的看法。本文引用的是P.F. 斯特劳森的观点。P.F. 斯特劳森是英国著名的哲学家，也是日常语言学派的一位大咖。他的一个基本观点是，**所谓的"形而上学"，研究的是我们的日常语言描述世界的基本框架**。把这样一个使用日常语言描述世界的基本框架呈现出来，我们就知道这个世界的基本框架是什么了。

但问题是，因为这样一个框架是非常基本的，所以如果要呈现这个基本框架，它的基本性就会逼着你说一些"正确的废话"。

大家可能要说了，说出这些"正确的废话"有意思吗？有意思。这能够从根本上澄清我们是怎么看待这个世界的。

只不过，我们在日常生活中只是把这些道理放在一个引而不发的层面上，哲学家可以自发地把这个道理阐发出来。你能够很清楚地发现，不同民族的形而上学框架是不一样的。

形而上学与东西方认识世界的不同方式

比如，冯友兰先生是一位中国哲学家，所以他用到的一些基本概念就是"理"和"气"，这就有中国人的文化体会。因为气本身是流动的，具有一定的能动性，它周游到哪里，按照某种方式来聚合，就会变成不同的事物。但西方哲学家，比如亚里士多德，他把内容的东西说成是质料，质料是纯然、消极的；而把主动、积极的东西说成是形式。

这就涉及对于世界的两种不同的看待方式，最后就会导致东方人对于偶然性的容忍度比较高，而西方人对于某些偶然性现象的出现会抱有更大的好奇心。西方人会觉得，哇，这件事肯定不是偶然的，因为所有的道理最后都有一个形式上的道理，偶然背后必定有必然。所以西方人要把每一件偶然背后的必然都调查清楚。而东方人的一个基本思想，就是整个世界到处都有气在运转，所以经常会产生很多偶然的结果。不过，这就反而使得东方人对某些偶然事件的发生不那么好奇了。

所以，如果苹果砸脑袋上，东方人会觉得我运气不好，被苹果砸到了；西方人可能会觉得，这背后有个必然性的道理，甚至有可能推动他去发明一套科学体系来说明这种偶然。这就是两种文明的路向不同，很难说哪种文明的路向是完全正确的。当然，在发现牛顿力学体系这件事情上，好像牛顿做得非常漂亮。但是如果凡事都要去追求一个必然性解释，这种做法也会给西方人带来很多思想上的困扰，因为有些事情并没有什么必然的解释，纯粹就是因为运气不好。

举一个例子，牛顿也许能够解释为什么苹果会落到自己头上，但是东方人可能会反问牛顿，为什么恰好是这样的一个苹果落到了你牛顿头上，而不是落到了汤姆森头上，不是落到了克伦威尔头上？这样的一种偶然性，是科学的必然性没有办法解答的。

废话文学与哲学的关联

哲学上的同义反复，往往包含更多的含义，因为它要把一种文明看待世界的基本框架呈现出来。

有人说，这样做也许是没有意义的。但是如果把东方文明和西方文明各自不同的形而上学框架凸显出来，就会发现两种文明的根本差异到底在哪里了，这对于我们深刻理解不同哲学的深层次理论是有帮助的。

同时大家要注意，哲学还有一个特点就是抽象性。抽象的本质是普遍性，普遍性从某种意义上说就是缺乏具体性，缺乏具体性从某种意义上说就是好像什么也没说，好像什么也没说就是同义反复。所以哲学命题在本质上就具有同义反复的特征。但也正因为它具有同义反复的特征，所以它更抽象。正因为它更抽象，所以它能涵盖更多具体的内容，所以哲学才能成为某种意义上的高层次的学科。

据我所知，很多小朋友都喜欢说这种类似"废话文学"的话。**从某种意义上说，一个人喜欢这种废话文学的表达，如果不是因为闲着无聊，那么大概率是他有哲学慧根。**如果是这样，不如多看看我所讲的哲学内容，也许其中就有很多关于"废话文学"的启示，这句话本身绝不是废话。

"侥幸的正确"不正确

假设有一天，同学小张跑到办公室里要找徐老师，他看见徐老师坐在办公桌前批改作业。他不想打扰徐老师，觉得自己要和徐老师说的事也不太重要，就蹑手蹑脚地从徐老师的办公室里走出来了。

这时候他遇到另外一个同学小王，小王问他："徐老师现在在办公室吗？我要找他签字。"于是小张对小王说："徐老师在办公室里。"

小张不知道的是，他看到的徐老师是一个假徐老师。

此时，真实的徐老师就在办公室里，但是他不是在批改作业，而是在做一个实验：他用投影设备做出了一个自己的虚像，想看看有多少人会被这个虚像所骗。他正躲在桌子底下，观察每一个同学的表情并做记录：第八个同学进了我的办公室，哈哈，他也被骗了。

结果，小张稀里糊涂就成为实验的被试者了。他不知道他看到的是徐老师的虚像，真的徐老师躲在桌子底下，桌子底下显然也算是在办公室里面。所以，小张说："徐老师在办公室里。"这句话对不对？答案是对的。

这听上去是一个歪打正着的故事，而它带来了一个哲学问题：小张是不是**知道**徐老师在办公室里？

"知道"的重量

我用的词是"知道"，而不是"认为"。我没有问小张是不是"认为"徐老师在办公室里，而是一个更强的词——"知道"。

"知道"这个词的用法是有讲究的。

举个例子，司马迁的《史记·项羽本纪》写道，项羽在离别时和虞姬说了很多你侬我侬的话，还作了首《垓下歌》，表达自己的不甘和无奈。如果我问你《史记》里有没有这样的记录，你肯定会回答"有"。但是我还要问你一个问题：司马迁是怎么知道这些事的？

项羽死了，虞姬死了，他们死的时候司马迁还没有出生，也不可能留下什么录音材料，更没有卫兵在旁边听着，然后把这些话记录下来，那司马迁怎么知道人家夫妻之间这样私密的事的呢？

这十有八九是编的。

所以，司马迁怎么"知道"这些事，这是个很大的问题。

同样的问题要问小张了："小张同学，你是怎么知道徐老师在办公室里的？"

这个问题很重要。比如，在法庭上问某人几点几分在哪里，这在杀人案里面可能就涉及不在场证明，要给出很强的不在场证明，才能把嫌疑洗脱。所以在这种情况下，假如有人问你，你怎么"知道"某件事，你就要给出证据。

问各位读者一个很简单的问题：大家觉得小张是不是知道徐老师在办公室里面呢？

很多人的直觉可能和我差不多，认为小张是不知道徐老师在办公室里的。**因为"知道"要有坚实的证据，而不能依靠虚假的证据来佐证。**比如，问一个人上帝存在不存在，他说存在，给出的证据是"我昨天做梦，梦到上帝了"。这算证据吗？这不算证据！

同样的道理，小张认为徐老师在办公室里，他的证据是什么？是他看到的虚像。现在小张不知道它是虚像，而我们作为故事的局外人是知道的，所以我们能够说，小张看到的虚像推不出真实的徐老师的存在。

当然，徐老师的确是在办公室里，但这只是巧合。徐老师也可以在隔壁的办公室里操控这套设备，或者在家里远程操控，又或者是徐老师的助手小方在桌子下面操控这套设备……这都是有可能的。只不过，因为很凑巧，的确是徐老师本人在办公室里操控这套设备。

蒙对的知识不算知识

那么，小张的回答叫什么呢？叫蒙对了。蒙对的信息算不算知识？不算。

如果蒙对的信息算知识，那么大家在做选择题的时候，靠扔橡皮来选择 ABCD：答案出来，果然是蒙对了。这算你获得了这个知识点吗？不算。因为，如果下次这道题目改一改，不是选择题，而是填空题或者简答题，你就完全做不出来了。

所以，这种正确叫蒙对的正确，是一种高风险的正确。也就是说，只要外部的环境或你的内心状态发生了改变，答案就可能会错。

在知识论中，还有一个专业的术语，叫"安全性（safety）"。一个命题以"安全性比较低"的方式为真，就是指，你是以蒙对的方式获得相关的真信息的；安全性比较高，就是指你可以稳固地获得真信息。考试的时候，老师之所以要变换题型考学生同一个知识点，就是为了看看学生能不能在不同的题型里都把题目做对，这才能判断学生对一个知识点的掌握是不是已经牢固了。换言之，就是防止大家把知识给蒙对，或者是，为了保证大家获得真信息的方式是"安全"的。

如何判断真实的知识？

读到这里，大家可能就会问一个问题了：我们怎么知道获得知识的途径是安全的呢？我们怎么知道获得的信息和知识是正确的，而不是蒙对的？

这一点非常重要，因为只有正确的信息和知识才能得到传播，蒙对的信息和知识是不值得传播的。

一个基本的解决方法就是：反复检验。只要是蒙对的信息，就经不起反复检验，换一个语境，得出的信息有可能就错了。

如果你是基于看到了徐老师在办公室里产生的虚像，才得出徐老师是在办公室里的结论，那么你就要对整个推论的前提进行反复检测。

怎么检测？太简单了，你不能看到徐老师就走了，要过去和他打声招呼，说："徐老师，我来找您了。"然后徐老师抬抬头，有所反应，或许就能说明他不是虚像了。但是，假设这个全息影像做得非常好，能抬头，能对嘴型，还能说话，甚至能说好几种语言。这时候，如果想要证明它是全息影像而不是实体，你就要做得更加严谨。

你可以说："徐老师，您口渴了吧，我给您倒杯茶。"

徐老师说："不用了。"

那么，你要坚持说："哎，徐老师，您不要客气嘛，学生给您倒茶是应该的。"

然后你倒茶、奉茶时，你的手就有机会碰到徐老师。当你碰到他的时候，很显然，你就会感受到这是不是真人了。

当然了，如果徐老师做了一个仿真机器人，你摸他的感觉和摸真人也是差不多的，这样事情就变得有点恐怖了。但即使是在这种情况下，仍然有很多的方法来检测它是真人还是假人。在这个问题上，我希望大家能够发挥想象力，如果有一个仿真机器人和徐老师长得一模一样，你用什么方法来检测他是个活人？

我们在网络上也会遇到很多真真假假的信息，到底这些信息代表的是真实的情况，还是虚假的情况，大家不妨用这种交叉比对的验证法来检验一下。

还有一种情况，就是你暂时找不到验证的方法，那么就要学习古希腊时期的皮浪派哲学家的做法，持有一种适度的怀疑主义。这个学派是因其核心人物皮浪（前 365 或前 360 年—前 275 或前 270 年）而得名的。该学派的论点是：我们看到的所谓事实可能根本不是事实，因此，我们应该将所有真假判断都悬置起来，对一切都保持警觉。我个人认为，要彻底执行皮浪主义给出的人生指导是不现实的，因为人的决策总得依赖情报，而可以被信赖的情报必须是得到验证的。比如，你不能因为无法判断药物的真假而一直不吃任何药，结果贻误病情。然而，一种不那么极端的皮浪主义，却能帮助我们在面对短视频的轰炸时保持定力，时刻意识到我们所看到的画面与真相之间可能存在的巨大鸿沟。尤其是那些发生在遥远国家的我们难以亲身验证的短视频报道，对其施加皮浪式的"悬置判断"也不会带给我们什么明显的损失。

电车难题的破解之法

假设你是一个电车司机，你正在开车，突然发现，哎哟，不对劲，前面有一个人躺在轨道上，此时刹车已来不及，如果就这么开过去，这个人肯定就死了。你当然不想让他的生命受到伤害，那么本能的操作是什么呢？就是转方向盘。这时旁边的副驾驶说："且慢，别拐！你看另一边的轨道上有什么？"

你仔细一看，另一边的轨道上居然有五个人。

在撞一个人和撞五个人之间，你要怎样做选择？

从"电车难题"到"电车与胖子"

这个伦理学的难题叫"电车难题"，有时候也被称为"电车与胖子"。那么，如果让大家在一个人和五个人之间做选择，我相信大多数人都会选择保下五个人的生命，牺牲一个人，这是没有办法的事情。

这就是电车难题的最初版本。那为什么又有"电车与胖子"

呢？这里的"胖子"是谁呢？

"胖子"是一个很不快乐的第三人。

上文假设你是司机，现在需要假设你不是司机，而是一个天桥上的看客。在天桥下面，一列电车开过去了，你突然发现，哎哟，电车如果再不制动，就要把前面轨道上的五个人给轧死了，但是电车的质量很大，不是想制动就能制动的。怎样让电车制动呢？你非常着急。

这时候你往旁边一看，有一个胖子和你一样，也在向下凝望，也在关心下面发生的事。

你突然觉得，是不是可以把这个胖子推下天桥呢，这个胖子正好可以把电车挡住。可是这样做合适吗？

一些人会说，很合适呀，因为具体的道德场景是这样的：胖子只有一个人，但是电车前面有五个人。所以把胖子推下去就会产生这样的效果：牺牲一个人救了五个人。

这就是电车难题的第二个版本。

在第一个版本里，故事是这样的：一个人在轨道上，如果你往前开，会把他撞死；如果换方向，会撞死另外五个人。请注意，如果你不转变方向继续往前开，撞到的那个人本来就在轨道上，不是你把他推到轨道上的，这是个很重要的区别。

在第二个版本里，那个胖子原本是在天桥上的，他本来只是个看客。但是，是你一脚把他踢下去的，是你的主动作为使他卷入了这个故事，所以他就陷入了危险的境地。但是结果貌似都一样：牺牲一人救五人。

大家在第一个版本里会怎么选，在第二个版本里又会怎么选?

很多实验心理学和道德心理学的检测都会发现,大部分人会在第一个版本里选择牺牲一人救五人,但面对第二个版本时,大家都有些犹豫了,很多人觉得把那个胖子推下去是不对的。

这里面反映的道德问题,是值得深思的。

道德方向盘与附带伤害

我们每个人心里都有一个小人儿,这个小人儿被称为"道德自我",在操纵道德方向盘。当你主动把另一个人卷进和他本来不相关的事态的时候,你必须在道德方向盘上打一个很大的弯,才能够完成这样的工作。

这是一个巨大的道德和伦理的挑战,很多人都觉得没有办法迈出这一步。实际上,在第一个版本中,如果单独在轨道上的人被撞死了,我们很多人会觉得他早就在轨道上了,是他倒霉,命不好。但是在第二个版本中,那个胖子和这件事情是毫无关系的。如果把一个毫无关系的人推下去,我们会产生巨大的伦理上的负疚感,我们会觉得自己是杀人犯。而在第一个版本中,我们并不会这样觉得。

这两者会给行为的当事人带来巨大的道德感差异。这可以用一个军事术语来说明,就是所谓的"附带伤害"。比如,第二次世界大战期间,一个盟军长官对一个飞行员说:"我现在有两个任务供你选择。任务 A 是你去把这些德国碉堡炸掉,但是我要告诉你,德国碉堡旁边有很多法国农民,炸弹落下时这些法国农民的农舍也会被你炸掉，而且根据情报部门的预估，你至少会炸死 300 人。你如果不想执行任务 A，我可以让你执行任务 B，就是去炸 100 名无辜的法国农民，而他们附近没有任何德国敌军目标。"

这就意味着，这个飞行员必须在杀死 300 人和杀死 100 人之间做出选择。

面对这样的问题，我相信很多人都会选择执行第一个任务，因为第一个任务是有意义的，第二个任务是没有意义的。就是这么一个道理，我们人类在进行道德判断的时候，并不仅仅是根据死的人数多少来做出一种功利主义的判断。

不可取的效益论

这个道德思想实验的真正目的就是要攻击一种特定的伦理学观点——"效益论"。

什么叫效益论？就是尽量让我们的道德效益变得最大。什么叫道德效益变得最大？就是让被帮助的人越来越多，让受到伤害的人越来越少。如果按照这样的观点，我们把胖子推下去救五个人，这是非常合理的。

同样的道理，那个第二次世界大战中的飞行员应该选择第二个任务，因为死 100 人总比死 300 人好。效益论者就会做出这样的选择。

但是很明显，我们凭道德直觉会觉得那种使得人命损失更少的选择，并不是我们真正偏好的。因为它们在伦理上都会使得我们内在的道德方向盘转一个很大的弯，把我们转到一条歧路上，让我们感觉自己在做杀人犯做的事情。

这就证明了效益论并不是用来解决伦理难题的唯一理论支持，还有另外一种理论支持，就是"义务论"。

义务论

义务论的主要代表是德国哲学家康德。康德义务论的一个基本观点是，我们做的这件事情是不是符合道德的基本要求，这不能从效益的角度看，而要看它是不是符合一些抽象的道德原则。比如，我们不能谋杀他人，这个原则就非常重要。

假如德国碉堡旁边有法国人，扔了炸弹，有可能把法国人伤着，那个飞行员即使去扔炸弹了，也没有谋杀法国人的意图。而如果这里没有任何军事目标，只有一些法国的村落，选择把这些村落炸掉，那显然就是谋杀了。

所以如果飞行员选择第一个任务，我并不觉得他会触犯"不能谋杀"这个原则。即使飞行员在结果上的确炸死了无辜的平民，但这不在其"谋划"的范围内，所以这不叫"谋杀"。但如果飞行员选择第二个任务，就触犯了"不能谋杀"这个原则，因为"以杀人取乐"是已经在其谋划范围之内的。同样的道理，把一个无辜的胖子从天桥上推下去，这就是谋杀，因而按照康德的观点，谋杀是绝对不能做的事。

如果读者还觉得上面的例子离日常生活太远，那么就请来设想一下另外一个例子。假设小张的老板叫他立即拿一沓重要文件去会议室，而小张在路上不小心踩了小李一脚，那么，小张的行为是不是值得原谅呢？在大多数情况下，我们会认为这是值得原谅的，因为小张不是故意的。相反，假若小张故意踩了小李一脚，那么，他的相关行为就是值得谴责的，因为有意图地去做伤害别人的事情（无论这伤害是大是小）在伦理上是不可接受的。

讲到这里，我们就明白了，原来在做事情的时候，不能单单从效益的角度来看问题，还要从动机与原则的角度来看。康德的义务论在这里教会了我们很多东西。

"缸中之脑"何以觉醒?

"缸中之脑",也叫"钵中之脑",英文叫 brain in a vat。这个思想实验来自美国哲学家希拉里·普特南的一本书——《理性、真理与历史》。

我们可以设想这样一种情况:某个人的脑子被取出来了,放到一个营养钵里面,通过某种特殊的仪器,这个大脑还能够存活。

也许你会说,那他就没身子了呀。不要紧,我们让这个大脑和很多的电极相连,营养钵外部的科学家就可以通过对这个大脑的不同区域放电,让他产生各种各样的感受。

这个思想实验也被一些好莱坞的编剧发现了。《黑客帝国》里就借鉴了希拉里·普特南的这个思想实验。

反思的意义

看到这里,大家可能会不寒而栗,觉得这样做很不人道,很残忍。

的确如此。如果现实中有人这么干，我绝对反对。但希拉里·普特南提出这个思想实验的目的并不是要讨论伦理的问题，而主要是讨论知识论和语言哲学的问题。其中的一个问题就是，什么时候一个大脑会觉得自己是"钵中之脑"呢？

这个问题非常重要。当你觉得自己的大脑是"钵中之脑"的时候，这在相当大的程度上就说明你开始反思，开始觉醒了。你已经开始意识到你所感受到的现象世界和真实世界有可能是分离的。

希拉里·普特南提出的就是语义上的外在论。你问出"我的大脑是不是钵中之脑"，这句话里面有个核心词"钵中之脑"。理解这个词，要根据正常人在真实世界赋予它的意义，而不是根据你在虚假的现象世界里所赋予它的意义。所以，当你问出这个问题的时候，就说明你已经跳出"钵中之脑"了。

《楚门的世界》："钵中之脑"如何醒觉

不过，"钵中之脑"也引发了我很多其他思考，因此我想到了一部电影——《楚门的世界》。

这部电影讲的是，一个叫楚门的小男孩在一个摄影棚里长大，这个摄影棚为他提供了一个虚假的社区环境。当然，在这个实验里没有提供像"钵中之脑"这样非常让人惊骇的黑科技，只是导演真的去雇了一帮演员，扮演楚门的朋友、恋人、父母……他们都是真人，摸摸手都是有弹性的，绝对不是什么机器人。

但是他们扮演的社会身份是假的，而且相关信息并未告知这个叫楚门的男孩，所以楚门从小到大一直以为这些人是真的爸爸、真的妈妈、真的朋友等。

这在某种意义上也构成了"钵中之脑"。也就是说，在这个真人秀导演的操控下，制造出了某种虚假的社会现象。

那么，楚门有没有能力发现这个"楚门的世界"是假的，然后走出这个虚假的世界，寻找真实的世界呢？

电影给出了一个肯定的答案，楚门是有这样的能力的。这其中的一个关键点是，只要你制造一个虚假的世界，这个世界中总会包含矛盾，而这些矛盾一定会启发大家思考。

请注意，在普特南原始的思想实验里，并没有提到矛盾的问题。他是往理想化的方向去想象了，就是操控"钵中之脑"的邪恶的科学家几乎是无所不能的，他能够把所有传输给"钵中之脑"的感觉信息弄得完美无瑕。但我觉得，在现实生活中，如果要制造一个虚假的场景，只要有一点点不小心，就会露馅。假的东西，总是会在某些地方散发出假的味道。

而在楚门的世界里，楚门之所以发现他所住的地方是摄影棚，就是因为他会碰到一些正常人想不通的事情。举一个例子，他和老婆在说夫妻之间的话，说到一半，她会旁若无人地突然说，某某牌的牙膏，刷了一次就可以让你的牙齿非常洁净。你觉得这是正常人说的话吗？这明显是插播广告。

楚门觉得很奇怪，哪有妻子和丈夫这样说话的，这很不正常。

所以，你只要撒谎，这些撒谎的痕迹就会暴露出来。

打破范式，变通则久

但为什么很多人面对这样一些明显的矛盾，不愿意去反思呢？

这一点从科学哲学、知识论和心理学的角度都是可以理解的。在科学哲学领域，哲学家库恩提出了范式理论。

范式理论指的是，每一套科学理论都有一个核心，它在某种意义上会被每个人死死保住。比如，托勒密体系曾经控制西方思想界很长时间，按照托勒密体系，地球是世界的中心。实际上这样一套理论是非常牵强的，但托勒密体系的信奉者编造出很多辅助性的假设，来帮助托勒密体系生存下去，直到撑不下去了，才被日心说所取代。这是科学哲学里的例子。

知识论中也有这样的例子：有一些信念被认为是基础信念，尽管它很荒谬，但是在大多数情况下，人们还是愿意守住这样的基础信念。即便有一些反对它的信念，大家也会置若罔闻。

在心理学里也有类似的解释，就是沉没成本效应。比如，一个军国主义分子已经为德国、意大利、日本的法西斯耗费了很多年青春，假如我现在告诉他，法西斯肯定会灭亡的，正义的力量肯定会胜利，他会说："你扯淡，我们才是正义的力量！"为什么呢？他在错误的道路上已经走了太长的时间，你如果要否定他的意识形态，就等于否定他的青春，所以他会想出各种各样奇怪的方法，来抵制你对他的思想的反击，最后就在错误的道路上越走越远了。

《周易》里面有一句话，我觉得非常适合用来做本文的结语："穷则变，变则通，通则久。"

只要我们知道科学哲学里有所谓的范式效应，心理学里有沉没成本效应，知识论里也有基础信念这一概念，就能帮助我们反思信念系统里那些顽固的信念。**对于那些不符合现状的顽固信念，我们要坚决地把它清理掉。我们只有通过变通才能活得长久，才能更加适应社会、适应历史。**

如何避免被囚徒困境卷到死？

假设有两个犯罪分子都被警方控制住了，警方把他们关进不同的房间，然后展开心理攻势，想把他们掌握的情报撬出来。警方和两边的罪犯都说了同样的话：如果你主动坦白自己的罪行，大概会被判 8 年徒刑；如果你主动揭发对方，可以免于起诉，而对方会被判 10 年；如果你们两个彼此都不坦白交代，那两人各判一年。

		B	
		坦白	不坦白
A	**坦白**	A：8 年 B：8 年	A：0 年 B：10 年
	不坦白	A：10 年 B：0 年	A：1 年 B：1 年

在这种情况下，你觉得大多数人会不会选择互相袒护对方，不把事情说出来呢？恐怕不会。大家更有可能会选择互相背叛。但是警察没有告诉他们的是，如果两个人同时互相背叛，选择揭

发对方，会坐实双方的犯罪，导致两个人都被判 8 年，这种情况显然要比原本的预期糟糕得多。很多人是奔着 0 年去的，最后被判了 8 年，结果连 1 年这个比较低的惩罚都得不到，这就是所谓的囚徒困境。

哲学视角下的囚徒困境

囚徒困境经常被用来说明人类思维的特点：每个人都有小聪明，每个人都有理性，但每个人的理性都是站在个体的立场上来发挥的。个体的理性汇合到群体中就有可能产生不理性的行动了，最后导致群体利益受到损害，反过来也导致个体利益受到损害。这是对于囚徒困境的一种标准解释。

我对于囚徒困境也有自己的一些看法。囚徒困境主要是经济学家站在博弈论的立场上提出的，经济学家看整个人类的角度和我们研究哲学的人不一样，他们预设每个人都是自私自利的个体，个体首先考虑的是个体的利益最大化，这是经济学家考虑问题的起点。

但我们研究哲学的首先把人看成是一切社会关系的总和，从黑格尔到马克思都是这么看的。在这样的情况下，人们考虑囚徒困境这个问题的时候，并不是完全站在个体的利益上，很多时候是站在小集体、小团体、家族，或者大到一个公司甚至一个国家的立场上来看问题。这样我们才能比较好地解释历史上经常出现的合作行为。

大家一定要注意，人类历史其实既是一部斗争史，又是一部合作史。人和人之间如果不合作，很多事情就搞不定。《三国演义》里的孙权集团、刘备集团，彼此之间的利益诉求是有冲突的，但是面对比较强大的曹魏集团，他们首先要做的还是团结合作。当然，他们之间也有一些纷争。比如在夷陵之战中，刘备因为要给关羽报仇，和孙权打了一仗，结果失败了。但是他失败以后，在白帝城托孤时，对诸葛亮说，还是要和东吴搞好关系啊，我这一步棋走错了，你不能再错了。你看，刘备临死前还是理性了一把。这就说明他们是站在集体的利益上来考虑问题的。

所以你会发现，团结的力量到最后全赢了，谁不团结，谁就会失败。这是在人类历史上经常出现的现象，也证明了喜欢团结的团队，在历史上比较容易胜利。而喜欢站在集体的利益来考虑问题的人，不容易受到囚徒困境的影响。

打破囚徒困境

为什么喜欢团结的个体不容易受到囚徒困境的影响？

囚徒困境里有一个很重要的思想要点：如果你陷入囚徒困境，你就是不相信别人的人。你会一直想"我把你卖了，把自己捞出去了，我很聪明"。囚徒困境把"我"和"你"看成是出卖和被出卖者的关系，而不是把双方看成情感的共同体。

想想《三国演义》里刘关张之间的关系，他们会琢磨"我什么时候把你出卖了，用你的脑袋来给我换功名"吗？没人会这么想，他们的情感都是联系在一起的。关羽有一段时间给曹操打工，曹操对他也不错，但是他很清楚地对曹操派来的说客张辽说，我现在只是暂时与兄长刘备失联了，未来我要是找着他了，我还得投奔他，所以，我现在为曹公做的所有事都不能和刘备的利益产生任何的冲突。这些条件曹操也都同意了。之后，关羽得到了刘备的音讯后，还真就走了，曹操也只能忍了。为什么？曹操知道，关羽的情感毕竟是和刘备在一起的。（陈寿的《三国志·关羽传》中有相关原文如下："初，曹公壮羽为人，而察其心神无久留之意，谓张辽曰：'卿试以情问之。'既而辽以问羽，羽叹曰：'吾极知曹公待我厚，然吾受刘将军厚恩，誓以共死，不可背之。吾终不留，吾要当立效以报曹公乃去。'及羽杀颜良，曹公知其必去，重加赏赐。羽尽封其所赐，拜书告辞，而奔先主于袁军。左右欲追之，曹公曰：'彼各为其主，勿追也。'"）

然而，团队的合作要有很强的信任感。处在囚徒困境中的人都需要意识到，如果两个人建立攻守同盟，彼此什么都不说，就会让两个人都判得轻。但为什么他们不选择这个可能性呢？因为他们都觉得对方会选择出卖自己来获释。这就说明他们彼此之间没有什么信任。这反过来说明，信任对于团队合作非常重要。

当然，还有一种情况会使团队受到囚徒困境的影响，就是这个团队非常松散，团队的成员之间没有长期交往的经历，类似于乌合之众；或者这个团队成员分布的地域范围非常广，彼此之间非常陌生。在这样的情况下，假如其中一个成员被抓住了，他背叛和出卖同伴的可能性也比较大。

最后，给大家一个结论：囚徒困境并不是人类历史的常态，但它是人类历史中经常出现的一种或隐或显的现象。它并不是人类的本性，但是人类有时候会陷入其中。尤其是团队很松散，彼此不信任的时候。那么人类什么时候能跳出囚徒困境呢？就是团队凝聚力很强，大家的心都往一处想，都把团队利益看得高于个人利益的时候。

一句话，我认为一个团队摆脱囚徒困境的能力，是衡量其凝聚力的试金石。这样的试金石既能够衡量像刘关张这样的"创业团队"，也可以用来衡量一个民族、一个国家的凝聚力。

03

当哲学看见爱情

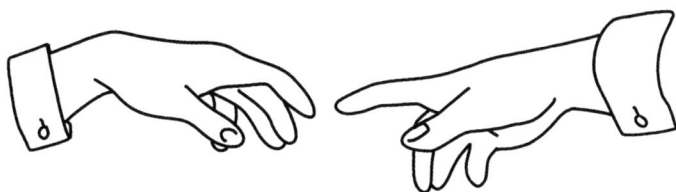

恋爱脑哪儿来的？

什么叫恋爱脑？恋爱脑就是指，有些人在恋爱时过于投入，以至于其他事情对他来说都是不存在的；有些人在深陷感情旋涡后甚至还被对方欺骗与伤害……我们就把这类人称为恋爱脑。

那么恋爱脑到底是好现象还是坏现象？有人说，恋爱就要爱得轰轰烈烈、认认真真，全身心投入才是好的恋爱，所以恋爱脑没毛病；但也有人觉得，恋爱脑太过分了可不行。

长久式恋爱 VS 花火式恋爱

恋爱脑对爱情看得很重。一般人恋爱时，的确也会在工作学习上受到一些小的影响，但是恋爱脑是长时间地处在一种恋爱状态之中，并长期把工作和学习放到边缘的位置。这就是恋爱脑的特点。

我们要去讨论恋爱脑，一定要对这样一种狂热的心理得以产生的机制进行考察。我们可以对比一下，正常的恋爱和恋爱脑的区别在哪里。

在比较正常的恋爱架构中，一个人是知道自己为什么爱一个特定的人的。比如，大致知道对方到底哪里好。我个人认为，在比较正常的恋爱关系中，应当有一种共通的心理状态，也就是说，无论是女方看男方，还是男方看女方，都会得到一种安全感，这种安全感非常重要。

比如，一个女生和男生一起出去玩，正好天有点冷，女生耸耸肩，说："有点冷啊。"这是很自然的反应。男生这时候做出一副教训人的样子："你们这些女孩子，这么冷的天还穿这么短的裙子，能不冷吗？"当男生说这话的时候，女生就没有安全感了。为什么呢？她会觉得男生不是她的男朋友，是她的教导主任，又来教训她了。这时候女生就会说："你怎么说话口气和我们教导主任一样？"这就有点嫌弃男生的意味了。

所以男生要说一些能带来安全感的话。能带来安全感的话是什么呢？比如："这天气的确是有点冷，要不我们靠近一点，这样就可以彼此取暖了。"这话女生听着就会稍微暖心一点。它不是攻击性的，而是基于同理心的思维。

在正常的恋爱关系之中，男女都有各自的特性，如果这些特性能够带给对方安全感，两个人就会觉得以后的结合能够长久，而不是萍水相逢式的结合，而这样的恋爱模式也是以婚姻为最终归宿的。

但是恋爱脑的思维不是这样的。恋爱脑认为的恋爱是花火式的，花火就是烟花。恋爱脑追求的是两个人接触时那种绚烂的、爆发的火花，这种状态才是他们真正享受的。所以恋爱脑会不停地和不同的人产生花火式的碰撞，人生就是在这样一种虚假的华丽当中度过的。

哪些特质会让人陷入恋爱脑？

那么，为什么有些人容易陷入恋爱脑的状态，而不是一种正常的恋爱状态呢？

这有很多解释。弗洛伊德式的解释是，恋爱脑的人从小缺乏正常的情感建设。比如有一些女性，因为小时候缺乏安全感，所以特别容易爱上一些比她大很多岁的男性，这便是潜在的恋父情结在起作用。这也就说明，在这种恋爱关系当中，这些人是比较缺乏自信的。因此，他们只能通过他者来确立自信。

上述分析模式不仅仅适用于女性，有一些缺乏自信的男性，也需要通过女性的确证来建立自己的自信。雷德利·斯科特执导的电影《拿破仑》中就对拿破仑的心理做出了这样的解析：别看他是威风八面的法国皇帝，他的生命如果得不到皇后约瑟芬的确证，他的心灵就会枯萎。联想到拿破仑是出生在科西嘉岛的边缘贵族，在巴黎人眼里就是"乡下人"，从小缺乏安全感，这种解析也就并不令人感到奇怪。从这个角度看，身份地位比他高的约瑟芬对他的承认，显然就对其精神成长具有指标性的意义。

从主奴辩证法看恋爱脑

有一个特别重要的哲学概念，能够用于讨论恋爱当中男女之间的相互关系。这就是黑格尔在《精神现象学》里面说到的主奴辩证法。

什么是主奴辩证法呢？就是主人和奴隶之间的关系，从表面上看是主人操控奴隶，迫使奴隶为主人进行劳动，但这只是事情的一方面。

奴隶也可能成为主人，主人也可能会变成奴隶。 比如，商代的奴隶主要求一个奴隶帮他做青铜器，但是做青铜器的整个过程全部掌握在奴隶手里。奴隶通过铸成青铜器，看到了自己人类本质力量的呈现，知道自己能够控制自然，而主人实际上已经变成社会寄生虫了，因为他什么也不会做。在这个过程中，纯粹作为消费者的主人就会处于某种意义上的被奴役的状态，他甚至在某种程度上可能会被奴隶蒙蔽。如果奴隶没有拿出自己百分之百的能力做出一个完美的青铜器，只是做出了一个中等水平的青铜器，实际上主人也无从判断奴隶是否已经尽了全力。

黑格尔讨论主奴辩证法，很可能主要是在这样一种经济学语境当中进行的。但是我觉得，在恋爱当中，也会出现某种意义上的"互为主奴"的现象。

也就是说，当你爱一个人的时候，实际上你既把对方当成主人，又把对方当成奴隶。一方面，你把对方当成主人，这就像在恋爱的时候，女性看到自己喜欢的男孩子会说这是"男神"，男性看到自己喜欢的女孩子会说这是"女神"。当我们用这样的词来描述自己的恋爱对象的时候，我们就已经把自己看成奴隶了，并把对方看成了我们的崇拜对象。这就是恋爱当中的主奴辩证法的其中一面。但另一方面，实际上你又在用自己的观点去强化、塑造这样的对方形象，如果对方不按照你的设想去做事情，你就会心烦意乱，大喊大叫。在这种情况下，你所崇拜的神就变成了自己的理想的投射物，因此，也就成了你的客体。这样，主人反而变成了奴隶。需要指出的是，虽然一般人的恋爱过程都会经历这种非常消耗精力的主奴颠倒过程，但在恋爱脑谈恋爱的过程中，这种主奴颠倒过程可谓反反复复，不见终点，最终很可能将恋爱双方生命中很宝贵的一段时光都浪费掉。

那么我们怎样才能够从这样无休止的以彼此折磨为归宿的恋爱过程中解脱呢？我觉得黑格尔的哲学能够提供一些有趣的思路。

黑格尔有一个很重要的哲学核心词，就是"承认"，这个词也可以被说成"认同"。也就是说，你要在一个更广泛的社会环境里来寻找对自己的认同，而不要局限于在恋爱关系中确认自身。让我们来回想一下狄更斯的小说《远大前程》中的男主人公皮普是怎么做的吧。出身贫寒的他爱上了美丽却冷漠的埃斯特拉，但对"白富美"的她的追求，显然就落在了当时的他的行动半径之外。不过，皮普在特殊机缘的帮助下不断成长，最终成了一位相对成功的商业人士，获得了社会的广泛承认。由此，获得社会尊重的皮普，最终也与心上人走到了一起。一句话，爱情的花朵不能只在两人世界的温室里开放，因为两人世界恰恰由于其自身关系的脆弱性，未必能够为精神的植物提供足够的养料。而在恋爱的暖房之外，虽然有恼人的风雨，但也有更充沛的阳光，以及从远方飞来的蜜蜂带来的新机缘。因此，走出暖房，经历风雨，才是治疗恋爱脑的最佳药方。

机器人伴侣会让你幸福吗？

很多年轻人都觉得谈恋爱真的很麻烦，成本很高，要去认识恋爱对象，要花时间和精力去追求对方。而人和人之间总是有区别的，有时候你甚至会觉得昨天的自己都很讨厌，又怎么能够全身心地爱另外一个人呢？

那么有人就说了：唉，人太麻烦了，还不如定制一个机器人伴侣。

定制机器人伴侣会让人类变得更幸福吗？

很多电影都体现出这样的想法。美国有一部电影叫《她》（*She*），讲的就是一个美国青年爱上了一个程序，一天到晚和程序谈情说爱。日本也有部电影，叫《我的机器人女友》，不过这机器人女友好像挺厉害的，地震的时候还能够救男友，因为她力气比较大。但是我看着也比较害怕，万一惹她不开心了，"嘣"一下给人一拳，人类可打不过她。

如果你有了一个机器人伴侣，以后也许能够躲过一切矛盾，让机器人满足你的一切需求。

不过，定制一个机器人伴侣，真的会让人类变得更加幸福吗？

实际上，人喜欢玩偶是件很正常的事情。比如，我们小时候都会对玩偶说话。这是人类特定的心理倾向，即人类容易把自己的拟人化倾向投射到非生命的东西上面，然后对自己的投射物自作多情。

那么，机器人是否也能成为我们的情感投射物甚至情感托付对象呢？答案当然是肯定的。有人甚至认为，单身汉完全可以通过充气娃娃来解决部分寂寞问题。我也不否定这种可能性。不过，我认为，如果充气娃娃真能带给人一些心理和生理的慰藉，这本质上是性爱心理学的问题，和 AI 没有本质上的联系，也不是 AI 哲学的问题。

下面我们要讨论的问题是：如果充气娃娃技术能够和 AI 技术"合体"，这样的充气娃娃除了具有一些物理性的功能之外，还能够聊天和调情，那它会变成一种怎样的存在？这样的新技术样态能不能取代真正意义上的恋人？

AI 能否"谈"出恋爱？

我个人认为，它们应该能够成为某种低等意义上的伴侣替代品，解决一些单身人士的寂寞问题，但是它们不可能完整地代替真正的人类。

首先，它们并没有价值观方面的塑造能力，这是它没有办法进入真正的高层次恋爱的重要瓶颈。

现在我们就要看看爱情的本质为何了。柏拉图在《会饮篇》中陈述了他的观点：爱一个人，最后要体现为价值观的融合，两个人要"三观一致"。理想的伴侣就是居里和居里夫人，或者林徽因和梁思成。他们这些"神仙眷侣"甚至彼此的职业都是一样的，那当然在精神上也有高度的默契了。

价值观的融合是一个非常抽象的概念，如果要落实到比较具体的层面上，就不得不提到谈话的能力，所以我们会说"谈恋爱"，"恋爱"和"谈"有很密切的关系，通过谈话能够体现出两个人的价值观是否一致。

在面临一些大是大非的问题时，大家的价值观如果是一致的，就会朝一个方向走。要知道，这对人类来说都很难。如果让机器能够对价值观的问题进行思考，还要和人类达成一致，这完全超越了现有的人工智能的水平。现有的人工智能是不能够真正独立地产生是非价值观的，它只能模拟人类在这种情况下到底该怎么做。

社会认同的瓶颈

还有一个瓶颈是，爱情牵涉人和人之间的关系，而且牵涉社会认同的问题。假设这样一个场景，闺密问道："杰西卡，你的新男朋友是谁？"

"是徐教授。"

"哇，你现在和徐教授好上了？"

"对，和他好上了。"

"这个教授的英语怎么样？"

"他英语说得好溜，还会说意大利语和德语。"

"那么厉害，真为你开心。"

我们换一个对话场景，再看一下。

"杰西卡，你最近有新男朋友了？"

"有了。"

"谁呀？"

"徐教授。"

"徐教授在哪个大学教书？"

"他不是真人老师。他其实是硅谷某公司的一个新产品，叫'徐教授'，不过，他是某个姓徐的教授研发的，但那个徐教授本人已经结婚了。这个产品卖得很好，我买了一个，现在黑色星期五，全场打折。"

这种话你怎么说得出来？难道这时候闺密得这样接话吗——"那好啊，你带着你的'徐教授'来参加我们的派对吧，让我认识一下。"人家都带个真人，你带个机器人，而且还是打折的？

所以在这种情况下，你是不是会觉得很没面子？有人说，面子是虚的。但是面子的问题，本质上是社会认同的问题。没有社会认同的加持，人要如何在社会上立足呢？

所以，我们经常在苦情恋爱剧里看到爸爸妈妈教训孩子："得不到双方父母祝福的婚姻是很难幸福的！"这当然不是危言耸听。由人推及机器，你和机器人之间的关系如果得不到普遍的社会认同，也会成为一个很麻烦的问题。如果人与人的爱得不到足够的社会认同，就很难得到幸福圆满的结局，那么，人与机器之间的爱更是如此了。

恐怖谷效应

还有一个问题，就是所谓的恐怖谷效应。这是由日本的机器人专家森政弘先生提出的。它指的是，人类有一个特点，当看到一个机器长得有点像人，就会觉得特别可爱，所以充气娃娃会做得和人越来越像。但在这种情况下就会导致一个问题，当它非常像人但还有些不太像人的地方时，就会很瘆人。这样的机器人突然出现在房间里，让人感觉像是进入了鬼片片场，胆小的人心脏病都要发作了。

目前一款叫"SORA"的视频生成软件已经在媒体上获得了全面的关注。很多人都会说，这款软件产生的人脸图像几乎可以乱真。但也有报道指出，SORA产生的动图往往会出现一些在真实场景中不会出现的BUG（故障、缺陷），比如椅子会莫名其妙地飞起来。我也在网上找到了一些AI生成的伪电影片花（比如，有人用此类程序按照20世纪50年代的风格重新制作了科幻电影《沙丘》的片花剪辑），这些片花貌似很逼真，但仔细一看，人物刻画还是有点呆板，尤其在大幅度动作的刻画方面比较失真。如果可以选择，我还是想看真人表演的电影。这便是恐怖谷效应的另一种体现。

综上所述，机器可以是情感的代用品，但代用品依然比不上真货。真实的情感必须基于真实的人与人之间的交流。

黑格尔为何支持一夫一妻制？
一定要互补才叫真爱吗？

现代人认为一夫一妻制的婚姻制度是理所当然的。但哲学家会怎么看这个问题呢？下面我就来谈谈，黑格尔是怎么从哲学角度来论证一夫一妻制的合理性的。

黑格尔对于家庭问题还是比较关注的，相关的思想体现在《法哲学原理》里。《法哲学原理》实际上讨论了各种各样的法权关系。家庭也是一种法权关系，因为至少近代以后的各个国家都制定了婚姻法。

这就需要讨论一个很有意思的问题：哲学家是怎么看待家庭关系的呢？

儒家哲学与黑格尔哲学的家庭观

中国哲学是很重视家庭关系的，儒家特别强调家国一体，"家"是儒家的一个核心关键词。那么儒家对家的重视，和黑格尔对家庭的重视之间的相同点和不同点是什么呢？

相同点还是很明显的，两者都重视家庭的价值，认为家庭很重要，反对轻易拆散家庭。就这一点而言，两者都体现出了对人类在长久历史中所积累的传统的肯定态度。但是，两者的细节差别非常大。

黑格尔关注的家庭强调的是横向关系，而儒家强调的是纵向关系。横向关系就是平等的关系，尤其是夫妻关系。纵向关系就是纵深的、从上到下的关系。两种哲学之间的这个区别非常重要。黑格尔的哲学所强调的家庭的核心关系是夫妻关系，夫和妻之间的互相平等就意味着这种哲学是支持一夫一妻制的。反之，如果一夫多妻制得到肯定，怎么能够把夫和妻作为互相对等的双方来看待呢？

但是，我们都知道，儒家强调父子关系很重要，子是处于下位的，父是处于上位的。那么，在每个妻妾都至少生一个子女的前提下，一个父亲就可以对应很多子女。话说，"物以稀为贵"。在这样的家庭架构中，男性家长是比较"稀有"的，所以处在"多"这一头的妻妾与子女的地位就不会那么高了。而在黑格尔的一夫一妻制的家庭构架中，因为只有一个妻子，所以，丈夫就要像妻子珍惜自己那样珍惜她。同时，一个妻子能够生的孩子一般不会像一群妻妾生的那么多，家长也会相对珍惜自己的孩子。因此，在一夫一妻制的架构中，妇女儿童的地位都相对较高。

这就意味着，黑格尔的家庭哲学在内部结构上和儒家的家庭哲学相差非常大。所以，不能因为两种哲学都强调家庭，就以为两者是相同的。

　　不过，黑格尔并不是女权主义者，他只是比儒家更重视女性地位。用今天美国的主流价值观来衡量，他还是一个男权主义者。比如，在家庭大事的决策方式上，黑格尔还是主张男性要主外，要负责在市民社会中进行广泛的交流（"市民社会"实际上就是指职场）。至于女性，只要把家管好就可以了。他理想中的社会可能像战后的日本社会，主要是男性在外面上班，女性都不去上班，只管家庭琐事和子女教育。这多多少少会得罪今天的女性职场精英。但是即使在这样的框架下，他仍然主张要给予女主人一定的尊重。

　　这是为什么呢？我们先来看看黑格尔是怎么看家庭的构成的。

黑格尔哲学中的家庭构成

　　在黑格尔看来，家庭的构成本身具有激情的成分。黑格尔是一个理性主义者，但他也是一个辩证家，他的理性主义并不意味着理性要单打独斗，摆平所有的问题。至少在家庭的构成环节当中，男女之间的激情、异性间身体的吸引和心理习惯上的相互契合……这样一些非理性的因素可以说是扮演了很重要的角色。

　　所以他承认，结婚这种事情具有一定的任性的成分。按照我们今天的话来讲，就是全凭感觉。感觉是什么，理性层面说不清楚。黑格尔认为在这个问题上可以跟着感觉走。

　　关于婚姻，黑格尔还有一个很有意思的观点。他不太赞成一对要结婚的青年男女来自同一个家乡、同一个生活背景，而是主张两人生活的地方最好非常遥远，这样才有浪漫的感觉。为什么呢？因为要有一个标准来衡量什么叫真爱。两个人如果生活在同样的背景当中，那十有八九不是因为真爱才结婚，而是因为彼此习惯。彼此习惯不是真正打动人心的力量。真正意义上的相爱，是要在差异很大的环境中，找到和自己性情相近的人，这才叫爱情。这是黑格尔的名言。在两个不同的生活背景中成长的年轻人，在彼此身上找到了自己需要的品质，然后走进了婚姻的殿堂，这叫爱情。反之，在相同的生活背景中，两个年轻人会很容易找到彼此相同的地方，就像两个上海人都讲上海话，两个广东人都讲广东话。按照黑格尔的观点，真爱得发生在一个广东人和一个上海人之间，他们的文化背景、方言略有差异，但是还能找到彼此身上契合的地方。

黑格尔在讲到这一点的时候，特别强调家庭的构成要打破宗族和地域文化的限制，体现全社会的流动。黑格尔表露出的这种观点，和"父母之命、媒妁之言"显然是不一样的。不过顺便说一句，黑格尔的老婆是托媒人找的，哲学家有时会干一些和自己的观点背道而驰的事。黑格尔拜托朋友的时候，还说：找老婆这种事情，我更相信你的眼光。你看，和他书里写的不一样吧。

言归正传，在一对男女找到了真爱，两个人结合了以后，法权关系就建立起来了。黑格尔是一半浪漫一半理性，所以大家看到黑格尔浪漫的时候，一定要小心，因为他是个理性主义者，浪漫之后就要讲理性了。法权关系是一个非常冷酷的契约关系，进入这种契约关系以后，双方都要按照这种契约关系行事。在婚姻中，具体的法权关系就是所谓的丈夫和妻子各自要遵守的规则，这在相当程度上是由各国的婚姻法来决定的。至于这部分的内容，就进入普法的领域了，暂且不提。

柏拉图式的爱情，不是精神恋爱

大家应该听说过一个词语，叫"柏拉图式的爱情"。"柏拉图式的爱情"在流行文化中指的是，男女之间的感情并不是建立在外表、财富这些外在因素上的，而是基于一些纯粹的、灵性的和精神方面的吸引。

既然叫"柏拉图式的爱情"，那这个词显然是和柏拉图多少有点关系了。

"柏拉图式的爱情"出处在哪儿？

柏拉图所有的作品里，最有名的讨论爱情的就是《会饮篇》了，所以很多人认为柏拉图式的爱情就是从《会饮篇》里来的。这个观点既对也不对。对的地方在于，这个词的确多多少少与柏拉图有关。不对的地方在于，实际上今天我们所说的"柏拉图式的爱情"这一思想，之所以能够进入我们的大众生活，并不是柏拉图本人的功劳，而是受到了另外一位思想家的影响，那就是文艺复兴时期意大利的思想家费奇诺。

费奇诺是柏拉图的一个重要"思想粉丝"，他的主要工作就是以拉丁语的形式，把以希腊语方式呈现出来的柏拉图思想再呈现给广大的欧洲民众。所以我们称他为新柏拉图主义者。他写了一本书，这本书的名字叫《论爱情》。在这本书里，他系统阐发了今天人们所说的"柏拉图式的爱情"。

大家可能要问了，既然费奇诺的思想是来自柏拉图，又和柏拉图有所不同，那么我们今天所说的"柏拉图式的爱情"和《会饮篇》的爱情观，又有什么差异呢？

"柏拉图式的爱情"与柏拉图的爱情观

这两者之间相同的地方是很明显的，就是它们都相对贬低肉体之爱，看重灵性、精神和价值方面的爱。除此之外，它们还有几点不同。

第一，柏拉图对于肉体之爱的贬低，并没有到完全忽视肉体之爱的地步。举个例子，你看到一个人长得很漂亮，觉得特别喜欢，这一点会不会被柏拉图完全否定呢？柏拉图会说，不要紧，这是你学会爱人的第一步，你慢慢往高层次走，会上升到灵性之爱，但是对于肉体的青春之美的热爱，是没毛病的。

对这个问题，柏拉图所持的观点可以说是相对宽容的。他强调肉体之爱和灵性之爱之间的连续性。

第二，《会饮篇》所说的爱并不纯然是爱情。它里面有爱情的成分，但是柏拉图试图提出一个大一统的关于各种各样的爱的理论，而且在这个爱发展的最高阶段，你爱的就不是人了，而是美的理念本身。也就是说，你爱的是一个理想，这个理想是超越任何感性事物的，这个境界就比较高了。

第三，我必须指出，在古希腊时代讲爱情和在现在讲爱情的时代背景不同。我们现在主要谈的是男女之爱，古希腊人虽然也谈男女之爱，但是他们更崇拜的是同性之间的关系。忽视这样一个时代背景，就没办法让我们抓到古希腊特殊的时代特质了。

第四，我们今天讨论柏拉图式爱情的时候还有一种说法——爱情是去寻找我们丢失的另一半。这个说法听上去很浪漫，它的确是在《会饮篇》里出现的，但不是从《会饮篇》的主角——柏拉图的老师苏格拉底的嘴里说出来的，而是由同样参加这场对话的喜剧家阿里斯托芬说出来的。所以这种观点不是柏拉图的观点，而是柏拉图时代其他人的观点，柏拉图对这种观点并没有百分之百认同。

需要注意的是，根据柏拉图本人的爱情观，爱的对象不是人，而是理念——也就是说，要爱上真善美本身。这种观点貌似太不接地气了，甚至在爱情哲学的范围内讨论对理念的爱，显得有点偏离主题。现在我就来论证：柏拉图的这种观点还真是与一般人所说的爱情有关。

比如，美丽的人显然更容易被爱。但问题是，你爱的是美丽的人，还是人的美丽？这两件事情其实有时候是不太容易分清楚的。精致的五官与匀称的身材，其实是一种普遍的特征，这些特征可以出现在这个人身上，也可以出现在那个人身上。因此，我们的感官其实是被这些特征所吸引的，而承载这些特征的个体对象则是可以被替换的。从这个角度看，我们爱的就是美的理念本身。

再如，善良的人容易被爱，而奸诈的人则让人感到害怕。那么，什么叫善良？善良在本质上是对一系列利他式行为模式的总称，因此，这是一个抽象的概念。在2024年播出的日本爱情题材的历史剧《致光之君》中，平安时代的女文学家紫式部（有日版《红楼梦》之称的《源氏物语》的作者）之所以爱上了贵族青年藤原道长，便是因为藤原与别的贵族不同，他对生活悲惨的日本平民充满悲悯之心。那么，假设藤原并不是那么善良，紫式部还会爱上他吗？或者，假若展现出这种道德品质的是另外一位贵族青年，难道紫式部不会爱上另一位青年吗？可见，从柏拉图主义者的角度看，紫式部爱上的不是藤原道长，而是他身上所承载的善的理念。

由此看来，柏拉图的爱情观便与我们平时所说的"三观要合拍"这一说法相互印证了起来。三观合拍，在本质上不是人与人的合拍，而是一个人所承载的抽象理念与另一个人所承载的同类理念之间的共鸣。在紫式部与藤原之间，我们看到了这种共鸣，在居里与居里夫人之间，我们也看到了这种共鸣。因此，按照柏拉图的观点，追寻真爱的过程，本身也是追求德行的过程。

爱的本质是寻找生命中丢失的另一半吗？

上一篇我们提到了柏拉图《会饮篇》中确实有现在人们所说的"柏拉图式的爱情"中的一个观点：爱情是去寻找我们丢失的另一半。这是喜剧家阿里斯托芬提出的观点，在《会饮篇》中由厄律克西马科斯引出。

一位医生怎么看待爱

厄律克西马科斯是站在医生的角度讨论这个问题的，所以他更多代表的是古希腊的自然科学对于爱的看法。他认为，宇宙中的各个事物之间所谓的爱的关系有两种，一种是健康的关系，另一种是不健康的关系。医生的任务就是辨别出人体运作中那些健康的爱的关系，然后利用这些关系，把不健康的爱的关系排除掉。

我们似乎可以找一些现代医学的案例来为他的观点做一些注解。比如，有一种病毒入侵了你的身体，这个病毒显然是"爱"

你的身体的，否则它不会在你身体的微环境里面拼命繁殖。这种意义上的"爱"的关系，就可能会要了你的命，所以这种"爱"的关系就是医生需要排除掉的。

但是也有一种爱的关系对我们身体是有利的，我们都知道，在我们的肠道里有大量的帮助消化食物的有益菌群，有些人体内的有益菌群比较少，医生就会建议吃一点益生菌，改善肠道环境。这些益生菌进入我们的肠道以后，能够爱上我们的肠道，和我们的肠道携手并进，更好地完成消化任务。这种爱的关系就是医生要始终促使它发生的。此外，强大的免疫系统对人的身体健康是极为重要的，所以如何让我们的免疫系统和我们身体的其余组织相爱相生，这也是一个很重要的医学课题。

从这个角度来看，的确，这种意义上的爱是贯穿于宇宙的各个角落的，我们甚至也可以在化学、物理学方面找到这种爱的案例。在人文领域，这种体现和谐关系的案例就更多了，比如，在表演交响乐的时候，各种乐器之间相互协作，就能演奏出和谐美妙的音乐。

男女之间，如果两个人的观点比较一致，或者可以起到互补的作用，那么这样的婚姻关系也能够比较和谐。此外，很多人在相亲或者谈恋爱的时候会提出一个概念，叫作"眼缘"。有些人就喜欢长脸的，有些人就喜欢方脸的，有些人就喜欢圆脸的。这是不是有科学的依据呢？我觉得多多少少是有一些依据的，不同的脸型可能代表着不同的性格特征，会带来不同的心理暗示。你渴望某种脸型，很可能你是在渴望某种性格特征，而这种性格特征可能是你所缺乏的，这听起来就像是你在寻找你丢失的另一半，你需要这种相互促进的关系才能得到圆满。

阿里斯托芬讲述的"爱情神话"

厄律克西马科斯医生的观点自然引出了喜剧家阿里斯托芬的观点。阿里斯托芬简直是雅典的相声演员，写了很多段子。他有一部很著名的戏剧，叫《云》，他在这部戏剧里把苏格拉底"修理"得够可以的。他在《会饮篇》中所扮演的角色是综合大家的观点，提出了一个带有悲剧内涵的关于爱的喜剧性的阐述。

阿里斯托芬关于爱情的观点在后世流传非常广，很多人误认为这个观点不是阿里斯托芬的，是柏拉图的。这个观点是——爱的本质就是去寻找我们在生命中丢失的另一半。

这个说法来源于他所编辑出来的古希腊的神话。他说，现在的人和以前的人是不一样的，很久很久以前，世界上有三种人，一种叫男男人，一种叫女女人，一种叫阴阳人。什么叫男男人？就是两个男人背靠背缝在一起，你可以设想两个男人变成连体婴儿的样子；女女人就是指两个女人变成连体婴儿的样子；阴阳人显然就是一男一女变成连体婴儿的样子。他们同吃同住，大家都感觉不到两个人在一起有什么别扭。而且，每个人都有两个脑袋、四条胳膊、四条腿，所以行动力特别强，做什么事情都是双倍力量，就像三头六臂的哪吒一样，非常厉害。

时间长了，宙斯不开心了。他觉得人类的力量那么强大，每个人都有两颗脑袋、四条胳膊、四条腿，要联合起来反对天神的话，天神就统治不了人类了。但他又不想消灭人类，这过于残忍。那只能"分而治之"——给人类集体做手术，把每个人一剖为二，然后重新把伤口缝起来，之后每个人就只有一个脑袋、两条胳膊、两条腿。但是这样就出现了一种情况：原本是整体的两个人离散了。

本来男男人变成了两个男人，女女人变成了两个女人，阴阳人变成了一男一女。时间长了以后，我们每一个个体在这个世界上孤独地生活，就会觉得心里空落落的，就会想到在我们没有做手术之前，与我们相亲相爱的另一半，因此我们就要去找另一半。这有点难找，因为手术完成以后，所有的人都被打散了，你要找的另一半有可能离你非常远，可能在马达加斯加，也可能在南极。所以有些人可能要花一辈子的时间去寻找，有些人可能一辈子也找不到。

我们真的要去寻找理想的"另一半"吗？

阿里斯托芬这个观点的有趣之处是强调爱的特异性。就是指，如果爱情最初是原始的一个联合体，后来被迫分成了两半，那么不同的联合体的具体情况是不一样的。对你这个联合体合适的，对另外一个联合体可能就不合适。所以大家要花很长的时间去寻找非常合适自己的配对。

阿里斯托芬的这个理论有好的地方，也有不好的地方。好的地方是他的确认识到了爱情是有特异性的，不好的地方是给大家画了一个虚假的饼，让大家以为真的有一个理想的配对方案。其实，这只是个神话传说，阿里斯托芬是喜剧作家，说这些只是逗大家一乐。

当然，我也没有看出这个故事好笑在哪里，反而觉得蛮悲伤的。

按他这么说，人在非常短暂的生命里，很大概率是找不到另一半的。但正是因为大家很认真地看待了这样的一个神话传说，所以会在择偶的时候给自己定上非常高的目标，一定要找到那个原始配对的另一半，只是有点像都不行，都不是真命天子。这样就会让大家在择偶的过程中浪费大量的时间，有可能到最后什么都没有找到。

这个问题在今天的社会中可以说是更加明显了。随着大家的经济收入以及学历的提高，对另一半的要求也越来越高，这很可能就会导致配对的失败。

从哲学的角度来看，阿里斯托芬的理论也有另外一个缺陷，它比较适用于讨论人和人之间的爱，但是很难被拓展到更加广泛的领域。

比如，我对一项事业的抽象的爱，还有我对于国家、对于人类共同体的爱，这些很难用配对的理论来解释。譬如，数学和我有什么可以互相配对的？难道数学这个抽象的东西能够和我这个有血有肉的身体构成一个联合体吗？这听上去非常荒谬。因此，我们就需要对爱的关系再加以拓展。

柏拉图的观点，是将阿里斯托芬的配对模型替换为他关于"分有"的理论。比如，不是因为只有你这把钥匙能打开我这把锁，所以我们才是天生一对，只是因为你这把钥匙与我这把锁都是按照某个统一的模子构造出来的，所以你才能打开我。这个统一的模子，就是理念，是处在个体之外的某种更抽象的东西，正如每一条河流所映照的月亮在河流之外是客观存在的一样。很显然，在这个新模型中，个体的地位被降低了，理念的地位被提高了，因此，一个个体除非分有理念，否则就无法在他的哲学体系中真正具有地位。既然个体对于理念的分有是个体与其发生关系的基本方式，柏拉图显然能够解释为何一个个体的数学家会爱上抽象的数学（因为在这种情况下，他已经分享了大量的数学理念）。柏拉图的这种观点，或许能帮助我们在寻找恋爱对象的时候适当降低门槛。若按照阿里斯托芬的模型，真正能与你严格配对的对象可能是非常稀少的，或者干脆是唯一的。在这种情况下，你在有生之年找到他的概率有多大呢？但按照柏拉图的模型，你只要找到一个与你分享类似理念的人就可以了。比如，对一个男性数学痴来说，找到一个对数学相对感兴趣的女生，听上去也没那么困难。而在互联网能提供大量社交同温层内的交友渠道的情况下，当代人克服此类困难所要付出的心力，恐怕还会少于柏拉图的时代。

04

当人工智能走进生活

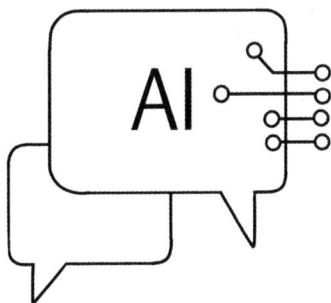

人工智能与哲学的关系

大家都知道我是教哲学的，而我研究的哲学还有一个具体的方向，叫人工智能哲学。

人工智能这样的理工学科和哲学这样的人文学科，两者之间能够结合吗？

我是如何走向人工智能哲学的

我对人工智能哲学感兴趣的时间是比较早的。大概是在 2006 年、2007 年的时候，我完成关于维特根斯坦的博士论文后，就想干点新鲜的事。我仔细一想，觉得最好是结合科学发展的最新动态来进行一些思考。比如，从哲学的角度对人工智能的问题进行总体性的分析。

关于这个话题，我写了两本书。一本是《人工智能哲学十五讲》，讨论了人工智能研究中大家比较感兴趣的一些问题，比如，人工智能能不能有意向性？人工智能的情感是什么？也讨论了历史上的一些问题，比如，人工智能史上的一些问题，像是 20 世纪七八十年代的时候，日本的半导体工业非常强大，可为什么在人工智能方面日本人好像没有什么突出成就呢？又如，苏联制造的武器似乎很厉害，可是为什么苏联的人工智能不行？这本书都给出了一些有趣的答案，比较适合人工智能哲学入门的读者阅读。

关于人工智能哲学的话题，我还写了另一本比较厚的书，有70 万字，叫《心智、语言和机器》。这本书的封面上有一幅漫画，是我亲手画的。我参考的是我最喜欢的一部动画片里的人物，这部动画片名字叫《瓦力》(WALL-E)，有些地方把它翻译成《机器人总动员》或《机器人瓦力》。我故意把瓦力的脑袋换成了一个人的脑袋，也就是维特根斯坦的脑袋。维特根斯坦是英籍奥地利裔的大哲学家。这本书实际上是站在维特根斯坦哲学的立场上来解读人工智能的，所以我专门手绘了这样一个封面。这本书的内容比较复杂，但是它对于很多理工科的知识都有相对比较简单的介绍，如哥德尔不完备性定理、量子计算、AlphaGo 的运作原理……

在本文中，我要用最简单的语言来说一说，哲学要讨论人工智的哪些问题。

Q1：能做出相当于人类甚至超越人类的人工智能吗？

我们到底能不能做出和我们人类心智等量齐观的人工智能，或者是比人类更聪明的人工智能？

现在我们看到的所有的人工智能都是在模拟人类某一方面的

能力，它们只能干一件事。所以，现在的人工智能就叫专用人工智能，而啥事都能干的叫通用人工智能。

通用人工智能是否能够研制成功？这是哲学家要问人工智能的第一个问题，我写过的两本书也对这个问题作出了解答。

我的答案是，原则上能够成功，但是现在的道路走不通。原则上能成功，是因为我们无法先验排除这种可能性，即智能除了能在碳基物质上实现之外，还能在硅基物质上实现。若真能实现，这就是通用人工智能。之所以说现在的道路行不通，是因为目前的深度学习路径仅仅是对于人类神经活动底层特征的一种模拟，对于大脑运作的中观层面与宏观层面的模拟还不够。因此，我不太相信这样的研究路径能够做出真正的人工智能。打个比方，假设你是一个清末的官员，试图在清朝创建一支与德国陆军一模一样的军队。但你只是知道了德国陆军基层战士单位（比如连）是怎么运作的，不太了解他们师团级别是怎么运作的，更不懂他们的军事哲学，这样的话，你的复制是不会成功的——尽管未必不能做出一些肉眼可见的小进步。

Q2：能通过整合专用人工智能制造出通用人工智能吗？

上面已经说过，现在主流的人工智能实际上是专用人工智能。比如，AlphaGo只能下棋，而且它只能下一种棋，下围棋的和下国际象棋的程序还不一样。在这样的情况下，我们能不能把专用人工智能全部做好，然后以此为基础，把不同的板块整合成一个大的体系，让这个大的体系最后具有通用人工智能呢？

我认为这条路径是走不通的。因为这就会使人工智能的发展路径和人类大脑的演化路径过于不同。

道理非常简单，你相不相信我们的大脑皮层里有一个模块，是专门进化出来下围棋的？大家肯定不信。仔细想想看，我们的大脑在围棋出现之前肯定早就基本成形了，而棋类游戏则是很晚才出现的，人类大脑不可能为下棋准备一个特定的模块。这就意味着，人类大脑的一个根本特征在于某种更高层面上的灵活性，使得大脑可以随时设想出一种新的棋类游戏，然后去玩。目前的专用人工智能技术舍本逐末，竭力去完成一项人类社会中已经成形的特定任务，却不去追问人类心智得以发明创造出无数种游戏的创造性根源为何，因此，也只能获得有限的成功罢了。

Q3：人工智能会征服人类吗？

未来的人工智能是否可能征服人类？这个问题里有很多错误的预设。

首先你要思考，人和人之间为什么争斗？人和人之间争斗在相当大的程度上是因为人和人对于相同的资源是感兴趣的。比如，两个民族争夺同一块灌溉地或者同一处水源。在这种情况下，人和人之间的争斗就没有办法避免。

所以当 A 和 B 两个集团相互斗争的时候，恰恰证明他们很可能是同样一个物种，如果他们的生理需求不一样，他们就不会产生很激烈的冲突。同样的道理，如果要假设人工智能和人类发生冲突，也就意味着人工智能和人类一样有吃喝拉撒的需要，对同样的东西感兴趣。但这好像有点不对劲，人工智能归根结底是硅基的存在，而我们人类是碳基的存在，它们的整个生存方式都是和我们不同的，它到底要和我们争夺什么呢？这就是一个巨大的疑问。

有人说，也许要争夺能量吧。如果是这样，我个人认为，人类造出核聚变反应的核电站的难度是要低于造出通用人工智能的。那么，很有可能事情是这样的，我们先造出了核聚变核电站，再做出通用人工智能，这时候我们还会特别担心能源的问题吗？

所以，我看不出人工智能征服人类的可能性。

Q4：现在的人工智能对伦理体系有何影响？

人工智能和哲学之间发生碰撞的第四个话题，也就是现有的人工智能对于现有伦理体系的影响。

我们谈的不是未来的人工智能，是现在的主流人工智能。现在主流人工智能的特点是，它的整个运作需要大量的数据来帮助其学习，需要有足够的学习样本。在为其学习提供足够样本的时候，为了让它学得更加精准，样本库越大越好，这就使得现有的人工智能的运作在基本原则上会侵犯人类的隐私。

所以，我在《人工智能十五讲》中就花了一个章节的篇幅来讨论"绿色人工智能"。我认为现在的人工智能并不是绿色的，这指的是它消耗的资源非常多。"资源"不仅指电能，还指人类的人文资源，也就是人类的隐私。训练人工智能时"吃"掉了很多人类的隐私，在相当大的程度上也是非绿色的。

有一种更好的说法是，人类社会的运作处于两个极端之间的中介状态。极端的一个方向就是彻底的公开性，所有的事情都知道；另一个方向是极端的隐私性，所有的事情都不知道。实际上真正出现的情况是，你该知道的就知道，不该知道的就不知道。

但问题是，现在的大数据技术有可能会把我们社会运作所达成的各种各样的默契全部打破。假设一个公司有软件可以对员工进行监控，甚至是超出 8 小时工作时间的监控，老板可以在办公室里抽着雪茄烟，跷着二郎腿，看到员工的动向："小徐下班了，欸，他今天没回家吗？他怎么又到那个酒吧去了，他的智能手表体现出他现在心跳很快，他遇到谁了？"这样，老板就知道了员工很多其他方面的信息，这在相当大程度上可能会把人和人之间的关系破坏掉，甚至会对我们现有的伦理的基本原则造成威胁。

伦理的基本原则建立在人的自尊和尊严上。人是要穿衣服的动物，我们都不想裸奔在马路上，因为人是有尊严的。如果一个人的所有信息都可以被大家看到，就等于我们每个人都在裸奔了。如果人的自尊垮掉了，那么人和人之间关系的支点也会垮掉，这会在相当程度上动摇伦理的基础。

Q5：人工智能路在何方？

现有的人工智能有几大缺点，一方面，它很可能无法升级为真正的通用人工智能；另一方面，它很可能会对我们的隐私构成巨大的破坏。那么，路在何方呢？

有人说，我们不搞人工智能，彻底回到以前的前人工智能状态不就好了。我认为这也不是什么好主意，别人搞人工智能，你不搞，这不是等于自废武功吗？那么，解决的方法是什么呢？就是搞一种新的人工智能，它能够进行隐私保护，实行小数据主义。

隐私保护和小数据主义是什么意思？这样的人工智能也能够学习你的行为模式，但不会泄露你的隐私数据。举个例子，你的汽车上有一个人工智能软件，它能学习你的驾车习惯。现在的车载软件是很不智能的，它有时候甚至会蠢到仅仅考虑路线的长短，不考虑红绿灯的多少，把你引到很堵的路上。但是我所设想的车载软件可以学习司机的习惯，比如有些人喜欢绕远路，但是能开得快一点。而人工智能学会了以后，不会把这些数据上传到平台，因为这是司机的隐私。

我心目中理想的人工智能和主人之间的关系，就类似于赵云和阿斗之间的关系。人工智能就是赵云，主人就是阿斗。在长坂坡，赵云护着小主人七进七出，就算身上中了三剑六刀也没让小主人受一点点伤。这么对主人忠心耿耿的人工智能，绝对不会泄露主人的隐私。

如果我来设计人工智能，我甚至会想到，它有一个隐私保护自毁程序。也就是说，如果有一个巨大的力量对它的数据库进行攻击，它已经扛不住了，就会把自己的数据库炸掉，宁愿自爆也不让别人偷走主人的任何信息。

这样的人工智能显然是很难得到资金支持的，因为现在的很多大公司都是基于大数据来进行研究的，所以他们会觉得这种人工智能的研究基本上和他们主要的研究方向背道而驰。这也就是为什么我作为一个哲学家，觉得有责任先向社会推广"小数据主义"这样一种理念。

我们要让人工智能成为每个人的伙伴，而不是监视我们每个人行为的工具。

总而言之，哲学是一门人文学科，人文学科的一个基本观点是思考人的利益，它是有温度的学科。

从这个角度去看待人工智能，意味着我们要让人工智能成为我们真正的伙伴，而不能成为奴役我们的新主子。

大脑义肢与强人工智能

美国哲学家约翰·瑟尔（J.R.Searle）提出了一个思想实验，叫作大脑义肢——一个人的大脑里有神经元组织，大脑义肢就是把它们换成芯片。

现在这也是一种治疗大脑疾病的方法。如果有人大脑的某个脑区坏了，我们可以用一些芯片来取代它。为什么芯片可以取代脑组织？因为神经元所做的事情其实非常像一个微型的电子元件，它会从别的神经元获取一些电脉冲的信号，加以内部处理，再发出电脉冲，射到其他的神经元里。所以神经元的运作也许是能够用微芯片的方式来实现的。

我们假设先把人脑的5%替换成芯片，如果没出问题，就继续换下去。那么，替换了多少以后，大脑的运作会死机，或者说某些功能不能够进行了？这是一个问题。

瑟尔关心的是，如果大脑中所有的神经元全部换成了芯片，这样的大脑还能像原来的大脑那样运作吗？人还能够用这样一个硬邦邦的大脑去思考哲学问题吗？还能够进行股票交易吗？还能够喜欢悲剧吗？还喜欢吃炸酱面吗？还喜欢自己原来的男朋友或女朋友吗？

如上，等等，就是约翰·瑟尔关心的问题。

思考大脑义肢：中文房间

约翰·瑟尔对于这些问题的答案是否定的。尽管他相信这样一个经过全面置换的新的大脑能够执行原来的很多任务，但是有一些任务它是执行不了的。

比如一项很基本的任务：理解语言。

如果有人把约翰·瑟尔先生关到一个房间里去，外面的人只能和他通过写字条来交流。比较糟糕的是，外面的人是用中文和他交流的，而瑟尔认识不了几个中国汉字，顶多认识"一、二、三"。在这样的情况下，瑟尔怎么和外面的人进行交流？幸好，在这个房间里有一本很奇怪的书，上面写着《沟通宝典》。

《沟通宝典》是一本关于中文的规则书。它是用英文写的，所以瑟尔看得懂。这本书告诉他，当看到一些完全不懂的中文字符时不要紧张，可以根据字符的特征进行相应的回复。瑟尔一看，觉得太好了。

比如，有人递给约翰·瑟尔先生几个中文字符，问他："您吃了吗今天？"这是北京人问候的时候经常说的。约翰·瑟尔不认识"您吃了吗今天"这几个中文字符，但他知道，根据这几个中文字符的特点，他应该递出去的中文字符组合是这样的："吃过了，您呢？"

129

这个过程就是在符号和符号之间建立起某种联系，但这种联系是否合理，处理符号的人是不知道的。

他在这样的一个房间里搬运符号时，所做的事情就是搬运符号这件事本身。他一个中国字都不认识，而别人在房间外面却觉得他懂中文，这是别人的感觉，和他一点关系都没有。

这就是针对前面的大脑义肢思想实验。大脑义肢思想实验背后的要点是要问——如果我们把神经元全部换成芯片，这样一个新的所谓硅基的大脑，还能不能具有人类大脑所具有的知情知意，能够做人类大脑所做的一切事情？这样一个硅基大脑就类似于强人工智能的概念。

从大脑义肢到强人工智能

什么叫强人工智能？就是我们能够做出一个强大的能够实现人类大脑的一切机能的机器。但是瑟尔先生通过他的中文房间认为这一点是不可能实现的。道理非常简单，因为一台计算机所能做的事情，归根结底也不过就是瑟尔在中文屋里所做的事情。

比如，我玩一场古代战争的游戏，我扮演刘邦，计算机扮演项羽。但问题是，计算机知道项羽是谁吗？它根本不知道，它只知道这些字符。它在屏幕上忽然显示出了一个 3D 动画人物，上演霸王别姬，显得很悲壮的样子，这只不过是让我觉得项羽很悲壮，计算机才不觉得悲壮。

同样的道理，瑟尔在中文房间里，完全不知道自己玩弄的字符是什么意思，外面的人却觉得里面的人中文非常好。

这就是瑟尔最后要论证的要点。如果一个大脑真的要进行语言的操作，有一个重要的标准，就是它得知道自己懂这门语言。

任何一个正常的人类大脑，在使用自己的母语的时候，都懂得自己的母语，但是计算机归根结底是做不到懂任何一种语言的，所以在这方面，计算机永远比不上人类。就这方面而言，强人工智能的理想——做出一种和人类大脑功能完全相同的计算机，必然会失败。反过来也可以说，大脑义肢这个思想实验的最终结果也是失败的。

也就是说，如果你把大脑里面的所有神经元都换成了芯片，这个大脑就不是大脑了，它只是一台纯粹的计算机了。正如任何别的计算机不可能真正理解一种母语一样，这样的大脑义肢也不可能理解任何一种语言，所以它和人脑的实际功能之间有着重大的差距。

瑟尔先生试图告诉我们，机器人貌似可以进行中文交流，但它缺乏人类意义上的中文知识，它不对自己的中文能力有自识和反思的能力。

大家可能会问，瑟尔先生的这个观点是不是试图证明唯物主义的心灵观是错误的呢？也就是心灵不仅仅是一些物质的运作？

恐怕也不是这个意思。瑟尔先生更想说的是，如果心灵要体现为某些物质的运作，它必须得体现为现有的大脑的生物化学的运作。如果你想把它转换成另外一个故事，比如一个硅基的人工智能的故事，这种转换就必然会失败。所以，瑟尔先生特别反对一种关于心灵的特殊的学说——功能主义理论。按照这一理论，心灵的本质就是一套抽象的程序，只要你找到了这套程序，接下来找什么样的芯片去执行这个程序就是个工程学问题，归根结底是可以解决的。而瑟尔认为，这种功能主义的理论自身就是错误的。

ChatGPT 搞学术：这家伙很不老实！

本文想要谈论的话题是，ChatGPT 到底是不是搞学术研究的好帮手？

一段时间以来，ChatGPT 可是个火爆的话题，各行各业都在讨论，除了投资圈、商业圈，学术圈也开始讨论。比如，我经常在网上看到这样的新闻，美国某大学的学生用 ChatGPT 写论文拿到了 A，老师根本看不出这是机器写的；香港某大学规定了不允许用 ChatGPT 代写论文，一旦发现就算作弊……这好像反过来在为 ChatGPT 做广告一样，好像它写出来的论文人类真的分辨不出来。

很多人都在讨论 ChatGPT 对于学术教育的巨大冲击，这个软件真的这么厉害吗？真的能够使我们教师分辨不出一篇论文是机器写的还是人类写的吗？

ChatGPT 的运作原理

ChatGPT 的全称是 "Chat Generative Pre-trained Transformer"。这里的关键词是 Pre-trained，就是预训练。什么叫预训练？就是让它无师自通。

先给这个系统投放一大堆小说、一大堆论文、一大堆联合国的报告，让它去读。当系统把这些材料读熟了以后，对语言就有感觉了。比如，它就算不懂中文，也知道在"路遥知马力"后面经常会出现"日久见人心"。于是它熟悉了语词之间的套路。用学术术语来说，就是 ChatGPT 大致掌握了一个语言表达式出现以后，另外一个语言表达式跟着出现的后验概率，这就叫统计学意义上的熟悉。

但是，十八样兵刃，也就十八件而已。人类的语言表达式何其多也，把这么多的表达式投放给它，要让它搞清楚各个表达式之间出现的概率，需要什么？需要海量的语言训练库，非常强大的 CPU 运算……最重要的是还需要钱，做这件事非常烧钱。

我们大致已经知道 ChatGPT 训练的基本原理是什么了。现在要问的问题是，它对于学术研究有没有帮助呢？

哲学教授 vs ChatGPT

鄙人是研究哲学的，哲学的一大特点是什么？冷门。

你看全世界，真正吃哲学饭的人就一小撮，虽然现在搞哲学的人要比古代多多了，但还是一小撮。因此，与哲学有关的语料在整个世界的语料库里，相对来说是比较稀少的。除此之外，还有一个问题，网上有关哲学的材料还不够精确。这就使得涉及哲学的对话时，聊天机器人既缺乏足够数量的语料，也缺乏具有足够质量的语料。这就是一个很大的问题。

果不其然，我用 ChatGPT 做了一些哲学方面的问答，表现显然很差。

有一个日本马克思主义者叫户坂润，在 20 世纪 30 年代，他写下一部文献，叫《日本意识形态论》，他在很大程度上是向马克思的《德意志意识形态》这本书致敬。我便问 ChatGPT：你能说说他在多大程度上受到马克思的影响吗？我在问题中已经告诉它很多信息了，结果它给出了很多答案。

ChatGPT 的回答大致是这样的：户坂润，他写的《日本意识形态》就是把马克思《德意志意识形态》里面的观点用到了日本的历史文化现实中。

它的回答漏了一个很重要的知识点，就是户坂润对日本当时流行的复古主义思想提出了批评，而且我猜它是不知道户坂润的。我对它的追问就进一步佐证了这个猜测。

我问 ChatGPT：户坂润懂不懂德文？

它立即回答：根据我的知识检索，我不知道他是不是懂德文。

这说明它根本没有看过任何一本户坂润的书。户坂润写下的几乎每个句子里面都夹杂德文单词，他显然是懂德文的。

接下来我提出的问题就彻底证明 ChatGPT 不知道户坂润是谁了。户坂润在学术上的开山之作是他的空间理论，他重新解释了康德的空间理论。我让 ChatGPT 谈谈户坂润是怎么评价康德的空间理论的。

ChatGPT 回答了一堆关于康德的空间论的想法，然后说：至于户坂润的空间理论，我不知道。

拜托，空间理论是户坂润的学术敲门砖，连这个都不知道，说明它说的其他关于户坂润的信息就是胡扯。

所以，ChatGPT 谈学术时的最大特点是什么？不老实。

通过这番问答，我们可以发现两个问题。第一，ChatGPT 在哲学方面的知识库是很小的；第二，它不懂装懂，学品很差。

不会知识迁移的 ChatGPT

除了上文的问答反映出的两个问题，ChatGPT 在做学术时还有第三个问题：它的知识迁移能力很差，也就是它知道的事情彼此之间不能够迁移。

日本有一个很重要的哲学家叫西田几多郎。他名字的罗马字写法叫 Nishida Kitarō。我就用英文先问 ChatGPT：Nishida Kitarō 这个哲学家的主要思想是什么？不得不承认，对这个知识，ChatGPT 用英文回答得还可以。

接下来我用中文问它：西田几多郎的思想是什么？

结果，ChatGPT 开始胡答了，它开始编造一些西田本人从来没有写过的哲学著作的名字。我想，用英文问你知道，怎么用中文问就不知道？那么英文知识模块和中文知识模块之间的关系是什么呢？

我就试探性地问了一下，Nishida Kitarō 写成汉字是啥？

ChatGPT 写成了什么呢？

坂本龙马。

坂本龙马是明治维新时期一个非常重要的倒幕的政治活动家。熟悉日剧的朋友应该知道，有一部有名的日剧叫《龙马传》。

ChatGPT 把一个哲学家错认成了一个政治活动家，这两个人除了都是日本人以外，根本没什么联系。这就说明，ChatGPT 不知道中文的西田几多郎，知道英文的。

有人说 ChatGPT 是基于英文语料训练的，不是基于中文语料训练的。但这不构成理由。人类至少会把英文的信息搬到中文领域里，而 ChatGPT 连搬的能力都没有。

总而言之，我做的这些测试基本上验证了我前面的假设：ChatGPT 没有办法处理冷门知识，哲学是在这方面体现得非常明显的一个案例。

ChatGPT 逻辑处理能力的缺陷

另外，ChatGPT 对语料所做的统计学的处理，是没有办法处理逻辑推演的。这到底是为什么？我随便举一个例子，读者朋友们就懂了。

中文有一个词叫"否则"，英文叫 otherwise，这是个逻辑连接词。可能大家都听过老师这么说："同学们，你们得好好学习啊，否则……"

"否则"的一个特点是，它后面跟着的话，靠统计学很难预料。这是因为逻辑连接词和后面的句子之间的关系非常活络，它不像"路遥知马力，日久见人心"一样有统计学规律，"否则"后面的词都是没有统计学规律的。

讲完"否则"，大家应该可以想到类似的词，就是"但是"。"但是"后面的话也是很活络的。

所以，你一定要在逻辑句法上把握这些词的含义，光靠统计学抓不到这些逻辑词用法的灵魂。康德先生早就指出来了，只有经验派的科学家会认为用统计学思路就能搞定我们的灵魂运作原理，其实是搞不定的！当然，很多人认为，只要语料足够多，训练足够深入，我们就能让人工智能看起来似乎能够进行逻辑推理。对于这个问题，我也经常与目前正在进化中的 ChatGPT "切磋技艺"。根据我的切磋体会，ChatGPT 的回答貌似圆融，但有一个问题，就是不太突出重点。比如，问其某个病的病因，机器会输出一系列可能的答案，貌似面面俱到，但是很难做到对症下药。这就是统计学进路思维的一个特点，即愿意为每个答案的成真概率赋一个值，但就是不愿意做出非黑即白的决断。而逻辑推理的特点就是非黑即白，换言之，真就是真，假就是假。比如，急诊科的医生面对一个需要急救的病人，就需要对其病因做出一种排除性的（也就是非黑即白的）诊断，因为医生可能缺乏对每种病因进行精细考量的时间。像 ChatGPT 这样的系统是否能够进化为合格的急诊医生，我颇为怀疑。

这里需要补充说明的是，对于真实的人类决策来说，非黑即白的选择是不可避免的。让我们想一下哈姆雷特的选择吧——生存还是毁灭？换言之，面对篡位的新君，我们亲爱的丹麦王子是应当选择认怂，还是放手一搏？很显然，他没有第三种选择。而对于一位正在犹豫是否要在下一站下车的地铁乘客来说，他也没有第三种选择：要么下车，要么就继续留在车厢里。而当我们需要做出这种选择的时候，说话圆滑并尽量避免给出简洁答案的 ChatGPT 是否能帮上我们的忙呢？我的建议是：不妨听听，但得自己拿大主意。

而对于我熟悉的人文方向的学术研究来说，ChatGPT 能做的事情包括：

第一，翻译，ChatGPT 的机器翻译能力的确是我目前看到的相关软件里最好的。我曾经要求 ChatGPT 将我创作的小说《坚——三国前传之孙坚匡汉》里的一段古文翻译为英文，结果其输出的英文竟然带有莎士比亚时代的十四行诗的风格，非常惊艳。但需要注意的是，目前哲学领域的专业术语的中英对照缺乏特别统一的标准，因此，相关的软件翻译还需要人工校对。就我个人的使用体会而言，ChatGPT 翻译小说的可用性超过翻译专业哲学论文。

第二，进行基本的哲学分析，特别是英美分析哲学领域内的分析。根据我的使用体会，英语世界的大量哲学文献可能已经作为语料而被喂给了 ChatGPT，因此，它可能已经以鹦鹉学舌的方式学会了进行哲学论证的基本套路（当然，这不等于说其真懂逻辑，而是通过背诵大量逻辑推理题貌似学会了逻辑）。对于完全不熟悉此类文本写作规范的学生来说，ChatGPT 可以成为某种初级的助手。但需要注意的是，ChatGPT 无法进行具有高度原创性的哲学思考，因此，对于它的使用必须适可而止。

ChatGPT 不适宜做的事情包括：

第一，重要冷门知识的查考，特别是涉及冷门语言的信息的查考。譬如，正如前文所指出的，基于英语学习语料的 ChatGPT 就对日语世界的一些资料不太了解。在这种情况下，研究者还是需要独立到日语资料库中寻找相关信息，并至多将 ChatGPT 用作机器翻译的助手。因此，ChatGPT 的出现并不意味着研究者要放弃提高搜索引擎的使用技能。

第二，宏大研究框架的构建。虽然很多广告人都说用 ChatGPT 构想广告词非常省力，但你要记住，这本质上就是一个大语言模型，所以不要期望它能给出特别有新意的构想。且不说本身就需要一些新思路的文科论文，就是貌似通俗的小说提纲构想，ChatGPT 的表现也非常一般。譬如，我曾让学生利用 ChatGPT 做一个实验，即在让机器知道我的小说《坚——三国前传之孙坚匡汉》中的一部分框架内容的前提下，让其将梗概写出来，并与原版小说中的后续内容进行比对（之所以要选择自己写的小说，不是因为我自恋，而是因为我担心使用比较有名的小说会无法测出 ChatGPT 的真实水平——因为有名的小说可能恰好就在大语言模型已经接触过的训练语料范围之内）。

大家猜猜 ChatGPT 的反应是啥？假设实验者告诉 ChatGPT，小说第四卷《疫战》中的既有情节是：华佗发现汉军中疫情蔓延，而与之对阵的黄巾军似乎没疫情，便试图深入后者营帐获取治疫偏方——那么 ChatGPT 就会给出这样的剧情设计：华佗与黄巾军找到了共赢和平之道，前者得到了偏方，而后者则得到了汉军的安全保证。不得不承认，这样的剧情设计虽然反映了美式政治正确的标准，但既无聊又平庸，根本没抓住我的小说本想表达的悲剧气氛（至于我的小说是如何展开情节的，有兴趣的读者可以自己去查看）。那些认为大语言模型可以代替人类作家的朋友，可以洗洗睡了。

第三，自然科学的学习。美国创业家马斯克就抱怨过，以ChatGPT为主的大语言模型处理理科问题的能力时好时坏，不太稳定，他本人宁可在他的"星舰"项目中少用一点类似的AI要素来降低技术风险。从这个角度看，想用此类软件代替自己辅导孩子做数学与物理作业的朋友，你们可得小心了。

最后还需要指出一点：虽然我在上文中不断赞扬ChatGPT的机器翻译能力，但这并不意味着学习外语不重要。我最近出差日本发现，因为大家都太依赖翻译软件了，日本服务人员的英文水平下降很严重。这在一定程度上的确影响了游客的心情，因为还是觉得直接对话交流更贴心。同时需要注意的是，ChatGPT的机器译文还是需要人类的校对。譬如，我让ChatGPT翻译我以汉代三国历史为背景的小说时，它看到"东京"就将其翻译为"Tokyo"，殊不知在汉代，"东京"指的是洛阳，而不是日本的首都。这些错误，必须由人类一个个挑出来，由此花掉的工时可能也不少。同时，能够修订ChatGPT给出的英文的人类修订者，本身也需要很高的外语修养，否则人类就无法站在更高的层面上去指导机器。

用 ChatGPT 写话剧会发生什么？

本篇要谈谈 ChatGPT 会不会搞文学创作。

大家都知道，ChatGPT 让很多人惊艳的表现就是它的语言表达更加流畅，更像在说人话，而且你和它说什么话，它都会顺着你的心思说。大家就会想，ChatGPT 能不能帮我们写对话，能不能帮我们进行文学创作呢？

预估 ChatGPT 写作的难点：写出人的矛盾

每次在检测机器之前，我会对它做出预估。我对 ChatGPT 的预估是，浅层的、聊天式的对话应该不成问题，这方面的表现应该不错。难的是什么呢？是表现自我的矛盾和冲突。换言之，《哈姆雷特》的"生存还是毁灭，这是一个问题"这句话背后那种文学的意境，靠 ChatGPT 来体现就非常难了。

这里也会牵涉一点哲学背景。文学的难点是什么？文学是写人的。那人的特点是什么？人是一种矛盾的动物，不同的原则会在同一个人身上发生斗争。

萨特指出，每个人都有两面性，一方面，人的价值观念是被别人塑造的；另一方面，人都有自己自由的一面，也就是要根据自己的本性来做事情。所以你经常会和社会之间发生矛盾。比如，爸爸妈妈要你去考公务员，你不想考，就想闲云野鹤地过自己想过的日子，做自由职业者，于是两者之间就有矛盾了。类似的矛盾，每个人都会碰到。

那么 ChatGPT 能不能处理这样的问题呢？我就给它出了一道题目。

给 ChatGPT 的命题作文

这道题目是让它模拟一段对话，这段对话的背景是恺撒被布鲁图斯暗杀。

这是古代罗马共和国晚期发生的一件非常重要的事情，也在西方的戏剧作品里被反复展现。故事大致是这样的：大权在握的恺撒到元老院去开会，发现每个元老院的议员都带了一把短刀，大家都去捅他。恺撒武功很好，还抵挡了一阵，抵挡到一半才发现："呀！布鲁图斯，你也在这里！我们俩不是好朋友吗？"

布鲁图斯捅了他一刀："是啊，但我还是要杀你！"

恺撒看到布鲁图斯也捅他，就不抵抗了，然后就死了。

针对这样的故事，我编造了一个剧情：布鲁图斯在杀恺撒之前，为自己的行为找到了两个不同的理由。一个理由是有关政治的：他和恺撒政见不同。另一个理由是他和恺撒同时爱上了一个姑娘，他们是情敌。我就问 ChatGPT，你能不能基于这些剧情安排给我写一段对话？

有人说，这两个理由应该互相增强，你既是我的情敌，又是我的政敌，所以我更加憎恨你。

但我认为如果布鲁图斯是一个有道德的政客，这两个理由是互相抵消的。因为他每次想利用政治理由去杀人的时候，心里就会想：我是不是在用政治理由来包装我的个人情感理由？我好无耻啊，我纯粹就是为了个姑娘杀人，还把这件事说成是为政治去杀人，我才是一个肮脏的政客啊！我还和哲学家西塞罗是好朋友呢，我居然做出这样的事，我真不要脸。

有道德的人一定会这样想的。为什么呢？因为当时古罗马的政治家，有点像我们中国古代的东林党人，他们觉得自己有道德优势，做事情之前要反复衡量。所以，如果布鲁图斯想到，我是为姑娘杀人，手就会发抖，他会认为不能这样干，为姑娘杀人不是理由，这就会产生心理上的纠葛。

ChatGPT 写了一段对话，我不是很满意，请大家看看哪里不大对劲：

> 布鲁图斯：恺撒呀，我必须这么做，否则罗马会成为一盘散沙，你应该明白的。
>
> 恺撒：呃，布鲁图斯，我理解你的目标，但是你为什么要采取暴力的手段呢？我们可以通过谈判达成妥协。
>
> 布鲁图斯：不，这已经远远不够了。我的心已经爱上了那位女性，我不能让你再来干扰我和她之间的爱情，我必须

让你消失。

恺撒：难道你不明白这两件事情之间的矛盾吗？你可不能用个人的感情来影响国家大事。

布鲁图斯：我明白，但是我的爱情已经超越了国家和政治，这是我内心深处的声音，我必须听从它的指引。请原谅我，恺撒。

ChatGPT 把布鲁图斯弄得像一个无脑的情痴，根本就不像一个有着丰富政治经验的政治家。

描写人类，不止要把握语言

那么，我们编写一段关于恺撒和布鲁图斯之间对话的材料，然后输入 ChatGPT。它能不能学习呢？能学习，但问题是它不能牵引。如果非要让它把这个情节牵引到别的故事上，它可能根本不知道这两个故事之间具有何种类比性。

举个例子，这是一个发生在美国独立战争时的故事。华盛顿将军在和英国人打仗，有一个英国狙击手瞄准了华盛顿将军，其实他一扣扳机，华盛顿将军就死定了，因为这小子是神枪手。

然而这位神枪手没能打死华盛顿。为什么？因为他没扣扳机。

这期间发生了一件很有意思的事，华盛顿将军突然把头转了过来，当他看到华盛顿将军那张英武锐气的脸，隐隐觉得后来的世界通用货币上如果有这张脸真不错，有一种很奇怪的力量，让他的手指僵住了，他就没有打出子弹。然后他对长官说，这样做有点胜之不武。

我问 ChatGPT，你能不能描写出这位神枪手当时的心情？为什么他有这种复杂的心情？即使这种矛盾的心情在各种场景里都会出现，人名会换，国家会换，性别、年龄等都会换，但背后的心理结构是一致的。只有掌握了它背后的心理，才能够把这段对话写好。所以，写对话的第一步是共情。把自己想成那个狙击手，或者把自己想成是布鲁图斯，然后把要描写的内容替换成熟悉的场景，就可以把这段故事写好。

但为什么 ChatGPT 写不好？因为它不是从共情的角度来写，而是从学语言的表面套路出发。

如果叫它把人物的心理矛盾表现出来，它只会直接用语言来表述，但矛盾不是这样体现的，矛盾有基本的套路。我们知道人类的矛盾是怎么回事，所谓"嘴巴非常硬，但身体很诚实"是也。人类的矛盾是通过语言、眼神和动作来表达的，而不是只根据语言的表面信息来表达。同样说一句话，说话者的语气和台词、肢体语言不同，背后的含义就不同。ChatGPT 是掌握不了人类这些微妙的信息的。

对话要预设我们人类有身体，我们通过身体来发出自己的声音进行表达。而 ChatGPT 只是抓住了语言这一方面，它对于人类的整体的活动样式没有完整了解。仅仅在大型语言生成模型的基础上，要自动地生成像曹禺先生的《雷雨》这样的话剧，我认为这是完全不可能的。

ChatGPT 如果要为我们的文学创作提供一些帮助，最大的帮助也许是它能够更高效率地把一段对话从中文翻译成英文。但这并不是创作，而是翻译。而且即使是这样的翻译也需要人工的校订，因为它仍然会有一定的错误率。

　　总而言之，所有搞戏剧创作的朋友，你们大可放心，只要你们不把自己的水平下降到机器以下，ChatGPT 暂时抢不了大家的饭碗。

AI 绘画能取代人类画师吗？

最近，有一个热点在网络上出现了，就是 AI 绘画。很多游戏公司也引入了这种技术来制作游戏插画，据说"多、快、好、省"。听上去，以后很多人类画师也要失业了，是不是大家会更加焦虑呢？

我是研究人工智能哲学的，我也爱画画，我已出版的书《心智、语言和机器》的封面上的画就是我手绘的。所以这样一个话题自然引发了我的关注。

实际上，每一次技术革命的到来都会引发人类的就业危机。如果你是 20 世纪初在纽约或伦敦的马车夫，你看到什么东西会头大呢？——汽车。

有了汽车以后，你驾驭马车的技术就完蛋了，而这也影响了一条产业链。比如，我是钉马掌的或做马鞍的，将来大家都坐汽车了，我就失业了。

当然，人工智能革命所引发的对就业的冲击，和历史上任何一次技术的变革所带来的冲击相比，它的影响范围都将是最大的，这也是我们要面对的事实。

但是我仍然要告诉大家，并不是说人类被人工智能逼得一口饭都没得吃了。我承认，AI 绘画是一个了不起的技术，但也不要认为人类画师从此就会彻彻底底地向人工智能投降。

AI 绘画是什么？

实际上，AI 绘画的本质就是套路的学习，人类的画就是 AI 学习的套路，有了这个套路以后，它就可以做风格的转换。

现在典型的 AI 绘画是怎么运作的？举个例子。比如，你最喜欢布拉德·皮特，他是好莱坞的大明星。首先，你上网一搜，就会有他的海量照片，然后你要做的事情是什么呢？无非是在布拉德·皮特的这些照片里，选一张你最喜欢的，然后让 AI 把这张布拉德·皮特的照片转换成你所喜欢的艺术风格。比如，你要转换成蒙娜丽莎的那种风格。AI 早就对这种绘画的套路有所了解，它有一个映射的机制，能够把你看到的照片变成那种风格的画。

当然，变化的过程中也有很多小的选项可以供创作者进行选择，你要做的事情并不是拿起画笔，而是在电脑上进行对应的操作。如果你足够熟练，用不了多久，一幅画就生成了。这就好像是达·芬奇还活着，看到了布拉德·皮特后画出来的布拉德·皮特。

但是这样的一套系统运作的前提是有大量人类绘画存在，它们提供了学习的样本，让 AI 学习有了基本的模拟对象，所以也叫"依样画葫芦"，这个"样"必须很多，它才能画得出葫芦。

那么，什么时候这套机制会失效呢？

AI 绘画做不到的那些事

首先可以举这样一个案例，就是 AI 能够学习的样本数量非常稀少，你让它所做的风格迁移，会让它迁移到它从来没有想到的方向上去。

如果我给 AI 一个任务，把北京的鸟巢变成唐三彩，AI 就"傻"了。因为唐三彩和鸟巢这种现代建筑并不搭配，唐代没有像鸟巢这样的现代建筑。在这种情况下，唐三彩和鸟巢这两个概念之间的合集，或者说相互结合的方式，在历史上是没有样本的，因此 AI 的系统就做不出来。

有人可能会好奇，我怎么想到了这样一种任务，这是因为我看过一部纪录片，有一些洛阳当地的唐三彩工艺的师傅，他们做了一些并不是文物的唐三彩作品。那些作品不是我们看到的挖出来的人俑、骆驼俑、马俑这样的唐三彩，而是一些牡丹之类的唐三彩的作品，结果做出来以后，业界的很多人士认为这些不是唐三彩。

这就意味着，当你用唐三彩创新的时候，连人都会认为这可能不是唐三彩，那么 AI 怎么会认得它是唐三彩呢？ AI 怎么会有创新的能力去思考，我现在用唐三彩做个鸟巢或者东方明珠，应该做成什么样子？这对它来说是个非常难的任务。所以，这时候 AI 学习是搞不定的，因为人类的样本太稀缺了。

除了人类样本的稀缺会给 AI 造成困难以外，绘画标题本身的暧昧性也会造成创作的困难。

我们知道，有时候绘画比赛会给你一个很奇怪的题目，抽象得不得了，比如以汉字"结"为题，让你画一幅画，这是有一定难度的。即使是人看到这个题目也会想半天。而 AI 在处理这些问题的时候，倒是会非常直接地运用线性思维，真的给你一个蝴蝶结。

有人说，那我就给它一个复杂但描述很清楚的题目吧。

假设这样一个场景，老板说："我们是一个漫画公司，作品只要搞笑就行。现在需要画一个张飞吃意大利面的场面，你画吧。"

有人问，这很难画吗？很难画。

吃意大利面和吃咱们中国的面可不一样。中国人吃面用筷子，吃意大利面要用叉子在面条里卷一卷，卷起来送到嘴巴里吃。偷偷告诉大家，我在意大利的时候，只要外国人没有看我，我还是会用筷子吃。他们看我的时候，我就装模作样再用叉子卷着吃。

这个场景要在绘画中出现，要表现得好笑，还要让张飞用手拿着叉子卷面。如果让 AI 进行这样的绘画，会非常困难。

为什么呢？它会去搜历史上张飞的图片，搜来搜去，张飞都是拿丈八蛇矛的。也许能找到张飞吃面的，但吃的一定是中国传统的面，是拿筷子吃的。而且你要知道，手是非常难画的，手有各种各样的姿势。你可以设想其他的画面，张飞拧螺丝，张飞安电灯泡，张飞给刘备做开胸手术……这都需要非常细微的手部动作，而这些在历史上是没有样本的。这种画面太新奇，但是非常有意思，人类很容易理解，可是 AI 没有历史上的图像组合样本，就不知道怎么学习了，最后很容易生成非常奇怪的东西。

人类的语言之所以能够做到组合从未有过的场景，是因为人类的语言有一个特征，即通过一套有限的语法规则构造出无限制的语言。中文的语法规则就这么一点点，但你可以构造出无限的语言。

张飞在给刘备开胸，张飞在月球背面的基地给刘备开胸，张飞在给刘备做完开胸手术后吃了碗意大利面解压……你怎么胡说八道都可以，我们也都能理解。但是这样一说所带来的画面的自由组合能力是在我们的头脑中进行的，这种能力是 AI 现在不具备的。

抛开所有问题不谈，我认为 AI 绘画还有一个巨大的天花板，就是漫画（我这里特别指的是那种简笔漫画，比如张乐平画的《三毛流浪记》《三毛从军记》那类）。

漫画的特点有两方面，一方面是漫画要表达幽默，但是幽默本身又取决于人对故事背景的了解，而现在的 AI 绘画技术不具备语义上的理解能力，它不了解自己要画什么，只能按照一个套路复制，也不知道这里面的情感是什么样的，只要复制出来就行。

另一方面和漫画本身的特征有关。漫画会把人物的形象夸张处理，这会导致它和照片上原本的人之间有很大的差距，以至于 AI 会认为他们不是一个人。但是我们人类一眼看上去，会觉得这应该是同一个人。在某些极端的情况下，你把一个人画成一个水果或是动物，我们都能看出来画的是那个人（举个例子来说，法国国王路易·菲利普就曾被好事者画成一个梨子）。但 AI 是没有这种能力的，你把人画成个动物，AI 就以为这是个动物了。所以我个人认为 AI 绘画碰到的真正的天花板就是漫画。漫画是没有套路的，是高度体现人类的自由性和创造性的。

不要放弃人类的自由

总而言之，AI 是不是对人类画师构成了职业的威胁，我给出的答案是两面性的。

一方面，简单的肖像画和风景画，尤其是写实风格的绘画，的确是 AI 比较擅长的。

另一方面，也有些事儿 AI 搞不定。比如，只有文字提示却缺乏足够素材的绘画任务；还有漫画，而且风格越创新的漫画，对 AI 的挑战也越大。

总而言之，你的心灵越自由，AI 就越没法模仿。如果你放弃了人类的自由本性，只是满足于对人类既有的画作进行套路上的重复，那么 AI 的确会吞噬越来越多绘画的工作。只要我们始终记住我们是人，我们能够自由地思想，我们能够自由地绘画，AI 就永远打不败我们。

05

当人生抛出问卷

人生痛苦，但依然值得

假设有一台"幸福机器"，你钻到这个机器里面，机器的操纵者会问你："你想要怎样的人生？""我要住最漂亮的房子，我要到巴厘岛旅行……"你把所有的愿望清单都说出来，操纵者只要一按电钮，你在这个幸福机器里就会体验到所有的幸福，而不用付出任何努力，也不用经过任何奋斗。而且我保证，这个幸福机器带给你的幸福体验和真实世界中的体验是一模一样的。

现在我们不问这样的幸福体验机在技术上是不是真的能够造出来，我们假设它已经造出来了，然后问大家一个很简单的问题：你愿不愿意放弃现在的真实人生，进入这样一个幸福体验机呢？

这个思想实验来自美国哲学家诺齐克，它的名字就叫"幸福机器"。

幸福机器与真实的快乐孰轻孰重?

我们都希望能和心仪的对象结婚,我们都希望有豪车豪宅……我们都承认这些世俗的幸福标准。但是,对绝大多数人来说,要得到这种世俗的幸福,需要经过艰苦的奋斗,很少有人是口含金汤匙长大的。

但是,为什么很多人还是选择不钻入这个体验机,愿意在真实的生活中进行打拼?为什么我们会希望在人生的很长一段时间内和痛苦相互纠缠,而不愿意进入这个体验机,一劳永逸地消灭所有的痛苦?

关键就在于,**人生的本质并不仅仅是一串让人渴望的体验。**也就是说,我们要认识真实的世界和真实的自己。而在体验机里面,我们丧失的就是和真实的世界的血肉联系。

比如,爱迪生要做出灯泡,通过这个发明彻底改变千千万万地球公民的夜晚生活,使人类的有效工作时间能够延长,从而增加人类的生产力,这就是他的人生夙愿。对他来说,赚钱不是最重要的,这个目的才是。爱迪生当然做到了,而他只有在现实世界中才能做到这一点。

或许有人会说,那你可以让爱迪生在发明灯泡之前先进入体验机,然后把他的人生愿望告诉体验机的操纵者:"我要造出一种灯泡。"然后通过体验机内部的设置,让他在颅内形成这种场景——整个地球晚上都有灯用。这不也解决问题了吗?为什么还要靠自己奋斗呢?奋斗很累的。

这个问题的关键就在于,你在钻入体验机之前,已经知道这个体验机是假的了。

就像你在玩电脑游戏之前已经知道这是个游戏，在看一部电影之前已经知道这是部电影一样。正因为爱迪生知道这是假的，所以他就会想，如果我在出了体验机之后，在真实世界中还能实现这一切有多好啊！

只要这个想法在他的头脑中出现，他在体验机中所得到的所有的幸福快乐就会大打折扣。最后他会下定决心拔掉电源，冲出体验机，去真实地改变世界。这就说明，我们并不存活在一个纯粹、主观、体验的世界之中。**如果我们要把自己的人生变得精彩，就要让它变成真实的人生——与真实的世界有真实的联系的人生。**因此我们也得知道人生的真相。

人生的真相：来自叔本华的哲学

人生的真相到底是什么呢？关于这个问题，哲学家叔本华有一些话要告诉大家。

叔本华的观点在一定程度上是接续伊壁鸠鲁的，但是比伊壁鸠鲁的观点更加深刻。伊壁鸠鲁告诉我们，短暂的快乐——如口腹之欲——被满足以后，不能够让我们得到真正的精神的升华，只有掐断所有的欲望的喷口，我们才能够得到真正心灵的宁静。叔本华也是接续这一思想，阐发他的人生哲学的。

叔本华认为，很多人没有办法从痛苦的海洋中挣脱出来，就是因为欲望太多。一个欲望满足后，得到的仅仅是空虚。你会产生更大的欲望，被它所驱赶，进入人生的下一次搏斗。然后你会进入更大的空虚，产生更大的欲望，以至于在欲望中没有办法超拔出来。这是件非常可悲的事。

所以，人生的本质是悲剧。但怎么从悲剧里走出来呢？叔本华的办法也是非常简单粗暴的，就是否定掉你的生命欲望，让你从这种对物质的欲望中抽身，然后和宇宙的意志相依相伴，做到和整个宇宙意志自身的脉搏同呼吸共命运。

在这个问题上，爱尔兰著名文学家王尔德的一句名言可以为叔本华的哲学提供注解："人生只有两种悲剧，一种是得不到想要的，另一种是，得到。"这也就是叔本华所要表达的意思。

那么，如何摆脱这种欲望的羁绊，和宇宙的意志自身相互统一呢？叔本华给出了三种方式。

第一种方式是通过艺术鉴赏来摆脱物质欲望羁绊。第二种方式是通过同情心的感受，让我们对四周的人更有同情心。第三种方式是通过冥想和苦行生活、通过宗教式的生活来弃绝欲望，达到更高的思想状态。

借助叔本华的哲学，抵抗体验机的诱惑

可能有人会说，这三种方式难道不是诺齐克的体验机的变种吗？特别是艺术欣赏，既然艺术创作完成的是对虚拟世界的构建，那么，在虚拟世界中获得的体验，与在体验机里获得的体验，又有何不同呢？

当然不同。体验机里获得的快感，更像是服用致幻剂后获得的，当事人根本不需要付出任何理智与努力就能获得。但艺术体验可不是这回事。就拿小说阅读来说吧，通读小说的语言，理解

人物之间的关系，体会背后的社会背景，都需要读者大量的认知投入。我就写过一本小说《坚——三国前传之孙坚匡汉》，根据自己的写作体验，我发现写这部小说的脑力投入量几乎是写同样字数的论文的三倍。而很多读者也和我反馈说，没一点汉史与文言文的基础，要快速通读完这部小书是有点困难的（在此我要顺便感谢一下出版界面向小学生出版的大量国学通读材料，这些出版物可能已使得目前中国的小学生成了各个年龄段的国人中国学平均基础最好的。根据我的观察，很多小学生读者对我的小说的阅读体验满意度其实要高于中年人）。

同样的道理，你要真正彻底地理解普契尼的歌剧，懂一点意大利语可能是必要的，而你要彻底理解川端康成，懂日语可能也是必要的。很显然，愿意学习外语或国学，以便深入理解文学作品的人，肯定是人群中相对勤奋的那一类，而不是一遇到困难就钻入体验机去找虚假慰藉的懒汉。

另外，艺术作品虽然是虚拟的，但能以简化的方式反映现实生活的某种状态，因此依然与现实有着密切的关联。《罗密欧与朱丽叶》所反映的自由爱情与封建传统之间的尖锐矛盾，在当时（甚至现在）的真实生活中的确是存在的，对于此类作品的阅读的确能增加读者的社会知识量。高级的小说与戏剧往往具有悲剧性的审美价值，而阅读悲剧作品所带来的快感，在其复杂性与微妙性方面，是那些经由体验机产生的低级快感所不能取代的。

同样的分析也适用于由伦理上的利他主义行为所产生的快感。你必须真金白银地付出资源，才能得到助人之乐。或许某种超级的体验机能够让人在不助人的时候得到助人之乐，但在我理解的范围内，这样的机器只能通过为当事人伪造助人记忆的方式来做到这一点。而只要你知道自己的记忆是伪造的，就很难真正地快乐起来。若你不信，你就花钱做一个与奥运奖牌一模一样的奖牌挂胸前，然后扪心自问：你真有自豪感吗？

那么，通过宗教式的冥想得到的快乐，与体验机产生的快乐有何区别呢？需要注意的是，叔本华在讨论宗教的时候，他脑子里大约是在想东方的佛教与印度教，而不是西方的基督教。叔本华认为，在做宗教冥想的时候，我们或许能和某种周游世界的"宇宙意识"发生关系，而这种"宇宙意识"大约接近于佛教唯识宗所说的"阿赖耶识"（为宇宙万物所共享的一种潜在的意识状态）。你或许不太接受叔本华的这套形而上学，但至少可以确定的是，叔本华对"宇宙意识"的重视会帮我们推出下面的结论：你不能局限在体验机所产生的体验之中。相关推理是这样的：体验机也是万物之一，也是宇宙意识的一种显现方式——但既然宇宙意识的显现方式远远不止体验机，与宇宙意识的接近当然能帮助你看到别样的显现方式的存在。考虑到这些别样的显现方式中大多数都是在体验机之外出现的，因此，即使是叔本华式的宗教式生活，也要求你扎扎实实地脚踏大地，而不是蜷身于诺齐克说的体验机中。

按部就班的生活有意义吗？

按部就班的生活有意义吗？这是一个很好的问题。

可能有人会觉得，我们一生做了很多事情，但最终都是要进坟墓的。从摇篮到坟墓，古代的人是这样，现代的人也是这样。那么我们做各种事情的意义是什么呢？为什么还要活着呢？这是个很有意思的问题，也能说明为什么哲学思维很重要。

我们的人生是由高光时刻组成的

我们看待时间有两种方式，一种方式是站在物理的角度来看待时间，站在这个角度来看，每个人都有生卒年。秦始皇有生卒年，康德也有生卒年，除非是动画里的人物，比如巴菲兔应该没有生卒年。

既然每个人都有自己的生卒年，从物理的角度来看，你就会觉得，每个人终有一死。既然每个人终有一死，我也终有一死，那么我现在做的所有事情到最后都会灰飞烟灭，就没有任何意义了。

但是请注意，这是因为你是从物理的角度看待世界的，你为什么一定要采取这种角度呢？

你可以换另外一种角度，就是站在当下的角度来思考。你如果站在当下，感受获得的巨大的享受，这个巨大的享受有可能就代表着某种永恒。

这就类似于你去听交响乐，交响乐演奏到高潮的时候，你突然就觉得自己的精神被抬到了很高的境界。在你得到这样一个巨大的精神享受的时候，你会觉得这一刻就是永恒，而不是生命中的一个瞬间。

我们的人生就是由这样的一些高光时刻组成的。有可能我们活着的某一个时刻就是我们人生的高光时刻。向大家介绍一部电影，叫作《追梦赤子心》（根据真实事件改编）。这部电影讲的是，美国中部有一个穷人家的孩子，名字叫鲁迪。鲁迪最大的梦想是要进入校橄榄球队参加比赛。但是因为他身材矮小，教练并不看好他，于是他拼命地努力，希望勤能补拙。在一次关键的校际比赛中，教练给了他一个机会，让他从候补队员变成正式队员。他上场表现只有一分钟的时间，但是他抓住机会，为校队拿到了分数，赢得满堂喝彩。

也就是说，他之前多年的努力，就为了人生中的这一分钟。

你说鲁迪的人生到底值得不值得？反正他很幸福，很开心。为什么呢？虽然他此前人生中的所有时刻似乎都是为这一分钟活着的，但要注意的是，时间的长短根本不能从物理的角度去衡量，而要从意义的角度去衡量。再举一个例子：苏联著名的宇航员加加林上校是第一个进入太空的人。其实，他进入太空的时间总共也不到两个小时，但是在加加林不长的一生中，这不到两个小时的意义非常巨大，因为他是代表全人类进入太空的。

从这个角度来看待时间，我们就会发现，时间本身并不是只能从物理的角度去看待。如果从物理的角度来看，时间只有不停地循环：一月，二月，三月，一直到十二月，然后从头再来。而从意义的角度来看，你做某事所占据的几个小时，或许就会影响以后人生中的很多个小时。比如一份高考试卷最多做两个半小时，但这两个半小时背后到底意味着什么呢？这一点是不言而喻的。

人生起起伏伏，充满趣味

如果你把人生按照意义重新进行划分，你就会觉得，你的时间的意义并不是均匀分布的，有些是所谓的"波峰"，有些是所谓的"波谷"。当然，其中穿插了很多别的事情，出生、吃饭、上厕所、睡觉、谈恋爱、结婚，等等。其中有些事情意义重大，有些则意义琐碎。

一般而言，有些纯生理学上的事件（如睡觉、上厕所）意义不那么重大。而就大多数人的情况而言，结婚是大事。你和谁结婚？他或者她的家人是什么样的？这对你来说是好运还是厄运？这场婚姻是把你的精神往高层次上带，还是往低层次上带？这些都会对你以后的生命意义的分布产生巨大的影响。

人生非常有趣。好玩的地方就在于，你根本就不知道下一次

遇到的人会把你带到哪个方向去，充满了巨大的偶然性。所以我和很多人的看法都不一样。有人说，人生无非就是结婚生子，一点都不好玩。那我就要反问了：如果你还是个中学生，你能预料到和谁结婚吗？你甚至不能预料到你会不会结婚，也有人一辈子不结婚的。你生出来的孩子会长什么样子，你能预料到吗？当康德的爸爸和妈妈生下康德的时候，他们觉得康德将来会继承他们的事业，去钉马掌、做马鞍。他们怎么会想到叫伊曼努尔·康德的人，将来会成为全世界一流的哲学家呢？当你有了孩子的时候，你怎么能够预料到，这个孩子将来不会或者会成为中国甚至世界一流的思想家呢？

这种机缘就放在你面前，你不觉得人生非常有趣吗？

有人说，人终有一死。但也有人说人有各种各样的死法，或重于泰山，或轻于鸿毛。你在死的前一刻，能够完全预料到自己会以怎样的方式去死吗？无法预料，这才有趣。

所以，连死都是件这么有趣的事情，难道我们不应该好好地活着吗？如果你没有活着，就不能死，死的前提是你先得活着。

总而言之，人生充满惊喜，充满偶然，甚至厄运本身也是个惊喜。当你日子过得很顺的时候，突然碰到一个厄运，你也许会觉得人生特别有趣。为什么呢？如果你看一部讲破案的影视剧，前5分钟案子就破了，警察就立功了，这片子就没法看了。人生也是这样，你早早地成名，没有碰到一点点挫折，这样的人生有趣吗？有点挫折才有趣！杜甫若没有挫折就成不了大诗人；苏轼若没有遇到乌台诗案，恐怕他的诗词中也不会有一种历经淬炼的豁达；李清照颠沛流离后，才成为中国最伟大的女词人。人生不是很有趣吗？从这样的一个角度来看，你就会发现，即使生活在乱世之中，乱世给大家带来的偶然性，也是人生的某种福报。

站在这样的立场上，我们可以对貌似按部就班的人生有一个全新的理解了。从某种意义上说，"按部就班"只是一种主观的预期，而在你没有意识到的外部世界中，大量可能未被你意识到的偶然性因素正在慢慢发酵，悄悄改变你人生的轨迹。因此，按部就班上学的学生族不能预料今天新来的代课老师会给他们带来什么惊喜，而按部就班上班的工薪族也无法预料今天的老板又会有什么新主意。请每天都用新鲜的心情来面对貌似按部就班的一切吧！

哲学如何解答"自我"之惑？

在学哲学之前，我们往往会遇到一些基本的困惑，比如，为什么要来学哲学？

当然，不同的人会有不同的目的。一种目的就是想要提升修养——换言之，如果周围的人不懂哲学，我懂哲学就显得更有修养。不过，这是外在的需求，不是内在的精神需求。

内在的精神需求是什么？我们都有很多的人生困惑：人生的本质是什么？怎样的人生才是美满的……我相信大家都有这些困惑，所以都要寻找解答这些困惑的方式。要在内在的精神层面上回答人生困惑，有两种方式，一种是哲学的，另一种是宗教的。哲学和宗教都能给予解答，但它们之间的区别是什么？

宗教基本上是让你接受一个教义，你信了也就可以了。

哲学则不是。哲学和宗教的本质区别在于，哲学是理性的。它告诉你这样生活是对的，然后会告诉你为什么这样生活是对的，请听论证一、论证二、论证三。同时哲学家还会告诉你，世界上有很多哲学家和你想的不一样，和我想的也不一样，他们认为人生应该那样过，他们也有论证一、论证二、论证三……所以，哲学家是以一种律师打官司的态度来回答宗教的问题，这是我对于哲学的一个最重要的定义。如果你不知道哲学是什么，就记住上面这句话。

那么，哲学要如何回答何为自我的问题呢？

什么是自我？我们先从自我的同一性问题开始说。

请设想这样一个画面吧：古希腊神话中的大英雄忒修斯正驾驶着一艘大帆船在爱琴海上行驶，行驶到一半就发现船的木板需要替换了，于是换上一些新的木板。他换了这个帆船上面的10%的木板，接着慢慢地换到20%，然后换到了50%、80%……

这时就出现一个很有意思的哲学问题：这艘船的船板要换到什么程度，它才是一艘新船呢？

如果他把所有的木板全部换了一遍，还能够说这条船是原来的船吗？这就是"忒修斯之船"这个希腊神话所蕴含的哲学问题。

在现实生活中也有一个忒修斯之船的案例。美国有一艘古老的帆船"宪法"号，现在还在美国海军中服役。这艘船在美国独立战争的时候就有了，上面的船板不知道换过多少次了。但我们凭什么还觉得"宪法"号依然是美国建国时期的"宪法"号呢？这就是个非常大的哲学疑问。

我还是我吗？

或许有人会问，这个思想实验与自我有关系吗？答案是肯定的。

忒修斯之船的故事所蕴含的这些问题，就是物体的同一性问题：你怎么知道昨日之船与今日之船是同一艘船呢？现在我们再把这里所说的"船"换成"我"，这样问题就变成了：你怎么知道昨日之我就是今日之我呢？很显然，这就是从物体同一性之中引申出来的自我同一性问题。

下面就是该问题的具体展开方式：当我在说话的时候，我的整个身体内部正发生着新陈代谢，我每天早上起来的时候会发现我的胡子和头发又长了，我又要刮胡子、剃头了。我的身体一直在发生各种各样的微观层面上的生物、化学的变化，很可能过了一两年以后，我身上的一些基础的物质早就换过好几遍了。在这样的情况下，我们为什么还认为我就是我，我和以前的我还是同一个人？

我们甚至可以设想一种更加匪夷所思的情况，就像在卡夫卡的小说《变形记》里，主人公早上照镜子的时候，发现自己的身体变成了一只虫。在这样的情况下，他还会不会觉得此时的自己和昨天的自己是同一个？

那么，自我本身到底是一个本来就存在的东西，还是一个被构造出来的东西呢？这就是我们在关于自我的讨论中所要解决的一个基本问题。

记忆：破解自我同一性难题的王牌

这个问题与我们对于时间的讨论是类似的，是世界中本来就有时间，还是我们通过记忆构造出了时间呢？

关于这个问题，英国哲学家洛克给出了一个答案。他认为，自我同一性的标准并不在于物质，也就是说你的细胞换过几遍都不重要，**标准在于记忆，如果你记得过去的你还是现在的你，你就是现在的你。**

所以在卡夫卡的《变形记》里，如果主人公在变成虫之前的记忆和变成虫后的记忆是连续的，那么他就会判断变成虫的自我和昨天没有变成虫的自我是同一个自我。

讲到这里，我们会觉得洛克的观点好像和奥古斯丁很像。奥古斯丁的一个基本想法是，在客观时间的意义上，根本就没有"现在"。"现在"这个概念是心灵提出来的。如果你的心不提出"现在"这个概念，那么"现在"就不存在了。

奥古斯丁的这种想法意味着，我们的记忆力作为一种典型的心理活动，把时间滞留做出来了。奥古斯丁会说，记忆构成了时间的基础。而洛克则主张，记忆构成了自我同一的基础。

这样的想法实际上也在电影《羞羞的铁拳》里得到了展现。这部电影里有两个主要角色，一个是艾伦扮演的爱迪生，另一个是马丽扮演的马小。

这两个人性别都不一样，爱迪生是打拳击的，而马小是一个体育记者。但是阴差阳错，两个人发生了男女身体的互换，同时也意味着两个人的灵魂互换了。马小的身体变成了一个男人的身体，但她还记得自己是马小；而爱迪生的身体变成了女人的身体，但他还记得自己是爱迪生。在这样的情节预设下，两个人都具有建立在记忆之上的自我同一性的认知，而身体又发生了巧妙的互换。这就让整个电影爆出了很多笑料。

这部电影的哲学基础就在于洛克哲学。因为洛克认为，自我的同一是建立在记忆力这一点上的。只要你的记忆力认为是同一的人，你就是了。看来记忆真可以说是"一招鲜"啊，靠着记忆这张王牌，所有的哲学问题都能迎刃而解。

但这张王牌真能解决一切问题吗？

哲学争议的魅力就在于，在上一场争议中胜出的王牌，在一下场争议中就会被一张新王牌盖住。且看接下来的讨论。

你之为你，是因为你的灵，还是你的肉？

　　记忆是精神活动的一种，因此，按照上面的讨论，我之为我，是因为我的"灵"的作用。但真是如此吗？难道物质存在与"我之为我"这个问题真的没有关系吗？

　　为了更深入地讨论这个问题，我们就来更深入地比照一下关于"自我"的扩张性说法和缩略性说法之间的差别。扩张性的说法如下：假若有一个土豪把整条街都买下来了，伸手一指，说："这些都是我的。"如果你也是这样的人，你的本质存在性就体现在了这种外物里，你已经被外化了，这是一种扩张式的自我观。

　　但哲学家有时候喜欢做减法，要做一种缩略式的自我观。自我的本质真的就在于这种外物吗？难道不在于心灵吗？洛克就提出了一种很有意思的观点：自我的本质在于记忆中能够记起来的事情。

　　下面这个例子我改编自洛克的文本。假设有一个土豪，他很有钱，却不幸得了阿尔茨海默病。从此他就不记得自己很有钱了。这就是洛克要问的问题：若一个人得了阿尔茨海默病，他想不起自己是个土豪了，那么这些财产对他还有意义吗？当然是没意义了。

这是件很有意思的事，也就是说，按照洛克的哲学观点，你有很多财产这件事情要变得有意义，必须取决于你能记得起这些财产是你的。如果你记不起来，这些财产就不是你的。想不起来的事情等于零，所以你的自我本质在于你的记忆。这个观点精彩不精彩？如果你明白这件事情，就要知道，想要维持自我的同一性，就要做好备忘录管理。下面这个来自洛克文本的思想实验或许能更好地说明其观点。

设想一位王子的身体与一位鞋匠的身体互换了，但他的记忆依然停留在王子的状态上。说得具体一点，假设王子本来会说拉丁语，而鞋匠不会，即使两个人互相换了身体，带有鞋匠肉身的王子依然会说拉丁语，而带有王子肉身的鞋匠还是只会说当地的方言。要是有一场重要的国事活动需要这两人中的一位去参加，你是选带有王子肉身的鞋匠，还是选带有鞋匠肉身的王子呢？如果选前者，他恐怕会将事情搞砸吧。同样的道理，即使换了身体，只要王子的记忆不出问题，他还是能与王妃唠家常，或者一起回忆两人结婚大典上的场面，而仅仅带有王子肉身的鞋匠可做不到这一点。因此，被换了身体的王子还是王子的关键，便在于其记忆，而不是其身体。

这个思想实验，后来被中国电影《羞羞的铁拳》、日本电视剧《民王》与动画片《你的名字》反复使用，成了一个很受欢迎的影视创意。

但这种挺有意思的、基于记忆的自我理论是不是有问题呢？

或许是有问题的。比如，我是个男生，但是假若我突然换了个女生的身体，事情可就不妙了。因为女生的身体的生理特点和男生的是不一样的，我作为男生想做的很多事情，用女生的身体是没法做的。设想一个更极端的类似卡夫卡《变形记》的例子：我早上起床，突然觉得身体有些不对，照镜子一看，原来我的身体变成了一只巨大的虫子，但我的灵魂和记忆还是保持人类的状态（我记得我昨天还在备课）。这可是件很麻烦的事，譬如，我突然想吃牛排了，但我没手了，没法用刀叉，我的嘴也已经变成了虫子的嘴，不是人类的了，所以根本没办法吃牛排。由此看来，对于心灵来说，除了记忆以外，还有别的东西也非常重要，这就是欲望。

如果大家还不理解以上推论的思路，我可以说得更清楚一点。

1. 假设洛克是对的，肉体不是维持我之为我的同一性的关键。即使我的肉体被彻底改变了，只要我的精神世界不发生改变，那么我还是我。

2. 按照前一设定，假设我的身体现在变成虫子，没法用刀叉了，但我还记得自己昨天曾用刀叉吃过牛排。好吧，说到这一步，也暂时没啥问题。

3. 精神活动不仅仅包括记忆，还包括欲望。具体而言，我现在作为虫子的身体不仅仅使我无法使用刀叉，甚至还使我无法产生吃牛排的欲望，因为这个虫子的身体是不吃牛排的。

4. 那么，为何"对于牛排的无欲望"不能与吃牛排的记忆彼此兼容呢？只要这种兼容不成问题，即使我现在不想吃牛排了，我是不是还能记得我过去曾吃过很多次牛排呢？若如此，洛克式的自我同一性是不是还能得到维持呢？答案是否定的。人类记忆的本质是为了更好地应对未来的生活而对个人历史的重新编辑。一些人很容易忘记人生中的灾难，因为回忆这些灾难除了加剧其当下的痛苦之外，不能对其未来生活带来更多的帮助。同样的道理，一条始终记得自己爱吃墨西哥战斧牛排的"虫精"若未来只能吃桑叶，那么，牢牢记住这一历史就对其帮助甚小。它／他／她的记忆系统或许就会慢慢改变自身的记忆，将其以前的历史也描述为虫的历史。或者可以用庄子的方式对自身的历史进行重新建构：我以前就是一条虫，但我曾做了一个梦，在梦里我变成了人，并吃了牛排——好在我现在醒了，该吃桑叶了。

5. 所以，肉身的改变所引发的欲望的改变，会导致有机体与外部环境之间的关系被重新塑造，由此反逼其记忆系统重新编辑个人历史，导致大量信息片段的丢失或失真。在这种情况下，被渗透得千疮百孔的记忆桥墩就不足以支撑起自我同一性的桥梁。

对于上述论证，或许会有下面的反驳：那个在琢磨自己是不是做梦变成了人并在梦里吃了牛排的"我"与当下的"我"还是同一个"我"，因此，即使在这种情况下，洛克基于记忆的自我同一性还是成立的。不过，我认为这种反驳是在胡搅蛮缠。记得自己吃过牛排，与记得自己好像在梦里吃过牛排，不是一种精神状态。比如，即使王子换成了鞋匠的肉身，只要他还记得过去与王妃交往的点点滴滴，她还是会认为他依然是王子的。但假设他说什么"我只是记得我好像在梦里和你结婚了",她还会认为他是王子吗?同理,仅仅觉得自己在梦里吃过牛排的"虫精"已经与那个的确吃过牛排的大活人失去同一性了。

请不要小看我在上述论证中"欲望"所扮演的角色。欲望首先是指一些生物学的欲望,比如食色方面的欲望,也包括一些高级的欲望。我们的心理欲望和外部自然世界之间的自然接口,就是我们人类的身体。但是,如果人类的身体被换成了虫子的身体,我们人类原本的灵魂就在相当大的程度上和世界隔离了,因此,我们的灵魂就没有办法和世界产生正常的交流。

如果这种情况发生,你还觉得你是你吗?**"我"不仅仅是记忆,还意味着我能够通过我的欲望和外部的世界进行互动,由此创造未来。**请注意,自我不仅仅是通过记忆指向过去的一个箭头,它是过去、现在、未来的统一体。而洛克的观点,则过分地强调了过去,没有强调未来。如果要强调未来,就要重视灵魂中的其他成分,不仅仅是记忆,还要重视欲望,因为欲望往往是指向未来的。

组成自我的其他重要成分

更重要的是,如果你认为欲望是自我被洛克忽略的成分,那么其他一些成分也可以被抬到很高的理论地位。比如,丹麦哲学家克尔凯郭尔就认为,激情是自我很重要的核心组成,如果离开激情,自我就会丧失原本的颜色。

我对现在的大学生有一个负面的评价,好像和我刚刚做老师的时候碰到的大学生相比，现在的大学生激情的色彩比较淡，更加"佛系"，自我感不是特别强，更喜欢随波逐流。当然这个程度也不是很严重。

如果说激情是自我中的一个很重要的组成部分，那么就有一些哲学家会顺着这个思路说，情感也非常重要。法国的著名哲学家萨特就特别强调了情感在自我塑造的过程中所起到的作用。人首先是在一种情绪当中进入生活的：快乐或者不快乐，喜悦还是沮丧。你是觉得一个人带给你正能量的感觉，让你也跟着感到快乐，还是觉得他的整个精神氛围把你拉到了一个非常冰冷的地窖里？这一区别，非常重要。这就是情感在日常生活中的重要性。

既然情感那么丰富，那么它在自我中扮演什么角色呢？很有可能扮演某种中心的角色。一部分哲学家甚至认为，情感和欲望所扮演的角色要高于理智，以至于理智就成为这些情感要素的外围，或者说是为这种情感打工的小弟。

自我到底是什么？真是一件公说公有理、婆说婆有理的事。

自我就是不断地选择

麻烦的是，当我们没有搞清楚自我的核心成分到底是什么的时候，半路上又杀出一个程咬金，认为自我根本就不是一个实体，而是一种活动，这种活动决定了什么是自我。那么自我到底是种什么活动？按照萨特的观点，自我的本质在于它是一种选择，你选择你是谁，你就是谁，你通过你的选择活动造就了自己。这种观点认为，选择的活动先于本质规定性，按照萨特给出的哲学的概括，叫"存在先于本质，而非本质先于存在"。

什么叫存在先于本质，什么叫本质先于存在？

举个例子，现在大多数人看待名人传记的方式，都是本质先于存在的。本质先于存在，就像是说某某人生下来的那一刻就决定了他是个伟人。像《三国志》讲刘备的出身，刘备在诞生之前，他们家门口就长了棵大树，这棵树长得就像天子的伞盖一样。因为他是刘备，所以一切都给他安排好了。这就叫本质先于存在，这是一种描述人生的方法。

对于这种描述方法，萨特表示：扯淡。没有一个人是在出生的时候就决定了他是谁的。释迦牟尼在菩提树下顿悟之前，他也可以选择安安静静地做他的王子，就这样度过他的一生，是他的自由选择决定了他要和世俗生活说"不"。所以，是我们的选择来帮助我们形成了自己。

这种观点好像是有点道理，但是很多人就会向萨特指出一个问题：萨特，你好像是在强调选择很自由，但我给你举几个例子，很多人没有办法进行选择。比如，某个人突然被医生告知："您这个癌症好像到晚期了。"这话就像晴天霹雳。这时如果这个人再说"我要选择再活20年"，上天能给他这种选择吗？

我们的人生，无处不在枷锁之中，为什么还要说我们是可以不断选择的？

萨特说，这问题我想过了。如果某人被宣判了医学上的死刑，得了一种绝症，当然可以在医院里等死，但他也有可能利用人生的最后一段日子，吃一些以前没吃过的东西，到一些没有去过的地方旅行，然后在旅途之中死去。这难道不是一种选择吗？

当然，客观的环境使你的人生可以选择的范围受到了影响。但是萨特想说的是，即使在监狱里，手脚被束缚住了，你也有办法选择。

有人可能会问，手脚都被束缚住了，还怎么选择呢？

通过你的思想选择。

就像意大利电影《美丽人生》里贝尼尼扮演的圭多一样，明明人已经在集中营里，没有什么逃出去的希望，但是，他还是通过思想上的转换，将集中营变成一个可以被忍受的环境。他把集中营中一切严厉的管制措施都看成是一场游戏的规则，然后和儿子一起来玩这个游戏，用话术的转换来保护儿子幼小的心灵。这难道不是一种选择吗？

所以，人的自我本质是什么？就是：**人有能力做出选择，并且不停地做出选择**。如果丧失了选择的能力，你的自我也就死亡了。那些放弃选择的人，就是放弃了生存的本质意义。

现在大家可以大致了解到自我理论当中最玄奥的一种了：通过选择来获得你的人生意义，你的人生就可以不停地选择。即使你像普罗米修斯一样被挂在悬崖上，手脚被铁链狠狠地束缚住了，有一只怪鸟在不停地啄你的肉，你仍然可以选择把它看成是一种享受还是一种受苦。

不过，严格而言，本节讨论的结论并没有彻底推翻洛克基于记忆的自我理论，而是补足了其短板。洛克的理论的确忽略了肉与灵的互动，也忽略了自由选择的价值，但是，记忆作为维持自我同一的某种必要条件（而不是充分条件），依然必须出现在自我的地基处。所以，在后面的讨论中，我们还是会继续将健康的记忆视为维持自我同一的某种要件。

时而善良，时而冷漠

假设这样一个情境：我穿了一身笔挺的昂贵西装，要去参加一次很重要的会议，但在路上看到一个小朋友掉到水里了。如果我要去救这个小朋友，我会付出一些代价——我的西装会被弄脏，高级的西装有时候是不能洗的，或者要洗的话可能会花掉很多钱。另外，救人好像也不是我分内的事，因为我既不是这个孩子的监护人，也不是警察或是消防员。那么，我应不应该去救这个孩子呢？

这是由澳大利亚的哲学家彼得·辛格提出的思想实验：小孩掉到水里应不应该救？

一个衍生版的思想实验

有人说，那是条人命啊，你的衣服有人命重要吗？你还思考这个干吗？

辛格把这个问题拓展到了更大的领域。我们每天都会在不同

181

的场合付出很多不必要的花销。比如，去买一些我们并不真正需要的奢侈品；比如，家里已经有好几辆车了，还要买一辆跑车。

辛格的要求不是很高，他不是要穷人捐款，他所面对的说服对象就是家里已经有好几辆车了，又想买一辆跑车的富人。辛格对这些人说："哥们儿，你干吗不把买跑车的钱捐给某个基金会呢？为什么不去帮助非洲那些在饥饿线上挣扎的孩童呢？"

如果那个富人不做这些事情，还说："非洲的孩子关我什么事？"那么，他的这种态度和前面我所说的那个害怕西装被污染，然后不愿意救孩子的家伙又有什么区别呢？如果你主张，宁可弄脏西装，也要去救那个孩子；同样的道理，你也不应该买下这辆跑车，而是应该用买跑车的钱去救助非洲的孩子。这就是辛格的理论。

道德归责

这听起来很有道理，但是也引入了伦理学的一个更深的问题，叫作"道德归责"。

简单来说，道德归责就是一起事件发生后，我们应该让谁来承担责任。

比如，一个小朋友不小心掉到了水塘里，这可能有很多原因，有可能是雨天路滑，有可能就是小孩不当心，还有一种可能是有一个恶作剧的小孩一脚把他踢下去了……所有的可能性都有，但问题是，谁应该对这个小孩施以救援，是否必须是灾难的制造者？恐怕未必如此。

如果一个小孩掉到窨井里了，这件事情的责任可能是由环卫部门和市政部门来承担的，他们没有把井盖封好，导致了这样的悲剧。但是小孩掉下去的那一刹那，市政部门是不可能迅速到场的，只能事后追究其责任。如果当下就发生了这样的事件，应该谁来负责救援？这就牵涉了一个非常有意思的原则，它并不取决于这样的伦理灾难的真正肇事者到底是谁，而是取决于你是不是在附近，或者你是不是有能力去救。

举个例子，如果一位游泳健将突然看到一个小孩被别人踢到水里去了，这件事本身和他似乎是没什么关系的，但是他跳到水里去救那个小孩，可以说是举手之劳，对他来说一点都不难。如果他看到了这件事，而且他就在附近却不去救，他会产生很大的心理压力，也会遭到舆论的谴责。

我们不妨再用漫威英雄的例子来补充说明这一伦理学观点。为什么蜘蛛侠、钢铁侠、美国队长、黑寡妇这些超人要联合起来和灭霸作斗争呢？灭霸威胁人类这件事情并不是由这些漫威英雄引发的，即使世界上没有复仇者联盟存在，灭霸也会威胁人类。但复仇者联盟必须和灭霸作斗争的道理与游泳健将必须救小孩的道理是一样的。谁叫你们是超人呢？你们各个身怀绝技，如果你们不去救地球，谁来救地球？就是这么简单的道理。

这导致了伦理学图景一个很有意思的改变。我们本来的伦理学图景是，谁犯下罪恶，谁就应该负责。但是在辛格所给出的新的伦理学图景里，我们看到的是这种情况：虽然你本来和这件事没有关系，但是你如果具有超能力，你就要对这件事负责。

有人说，现实世界中没有漫威英雄。对，但现实世界中有游泳健将。对于我们来说，他就是具有某种超能力的人。甚至那些科技大亨、大企业家和政治家，他们手头拥有我们一般人所不具有的政治权力、金钱力量，所以他们也应该承担更多的道德责任，去做更多的事情。

说到这里，很多人可能就要问了，这是不是一种道德绑架的哲学？因为我有钱，我有能力，所以所有的麻烦都要我来解决？

情感的善与理性的善

这里就要引出另外一个哲学家对于这个问题的看法了，他就是古希腊哲学家亚里士多德。

亚里士多德认为，一个人要成为善人，需要具备两方面的素质：一方面是基于情感的善，另一方面是基于理性的善。

基于情感的善比较容易理解，你要真的有同情心、怜悯心，才能够做出善行。但是亚里士多德认为，一个人如果只有情感而没有理性的帮助，也是不行的。首先，情感的供给可能是不稳定的。亚里士多德主张一个人要学会如何在恰当的时间、恰当的地点，以恰当的方式展现自己的同情和怜悯，做分寸得当的善事，要获得这样的分寸感是需要实践理性的。

实践理性在亚里士多德的语境里，就是指在特定的生活实践的场景中把握分寸的理性能力。这种理性能力需要长期的磨合才能获得。所以亚里士多德的哲学是比较中庸的，他既强调在做善事之前要有出自本心的天然的道德感，又主张我们要在社会中学会施以道德援手的分寸和尺度。你到底有多大的能力，能办多大的事情，是需要在实践理性的框架中加以衡定的。

假若你的能力只是中档，你要去解决最具挑战性的问题肯定是不行的。比如，灭霸的力量非常强大，假如美国队长、钢铁侠都不参与，就让黑寡妇一个人去和灭霸战斗，这显然是不合理的，因为大家凑在一起才有机会和灭霸一战。这就牵涉亚里士多德式的中庸智慧了。

这里需要指出的是，亚里士多德的中庸智慧与儒家所说的中庸之道并不完全是一回事。两者都主张我们要在正确的时间与正确的地点按照正确的分寸去做事，也都认为这种能力是通过人生的历练来获得的。但亚里士多德倾向于认为中庸的能力是理性的一个分支，换言之，你得通过仔细的盘算来得知你目下做事的分寸为何。与之相较，儒家则主张对于中庸的判断是一种直觉判断，是自然涌现的。我个人认为，这两种中庸观，各有各的用法。如果你处理的事务是相对来说比较熟悉的（如端茶倒水、迎来送往之类的），那么，儒家的中庸观应当能发挥作用；与之相较，假若你要处理的问题比较复杂（比如，如何选择高校专业），那么，亚里士多德式的反思就要替代直觉为你提供答案。

善恶到头终有报，多行不义必自毙

"善恶到头终有报""多行不义必自毙"，这话大家肯定听说过，但很多人认为这就是心理安慰罢了，并不能当真。这是因为，很多人看到某某人很坏却吃香的喝辣的，某某人明明是好人，却一辈子受苦难。我们的确可以从生活中举出很多反例，证明"善恶到头终有报""多行不义必自毙"这话并不靠谱。不过，我对这个问题却有不同的看法。

"善恶到头终有报"还真能被论证

你之所以会产生这样一种感觉，认为"多行不义必自毙"这话不靠谱，是因为你活得还不够长，还没有看到恶人倒霉。

很多人就反驳我了：我可以找出很多很多的例子，有些恶人做了一辈子坏事，最后也能善终。

是啊，但是你没有意识到他的子孙落得了怎样的下场，对吧？

举个例子，害死岳飞的秦桧好像在活着的时候没有受到太多的恶报，但是他整个家族的名声都臭了，在社会上没法混。当然，你必须活得足够长才能看到这些事，看到社会舆论的反转。

大家可能又要说，谁能活那么长啊，那要活几辈子啊？

对。这就是为什么要读文史哲的道理了。**进行文史哲的训练，我们可以把看问题的时间段变得更长。**这客观上也就解释了为什么有些人，如史可法、文天祥，要为不可为之事，要和一个强大的不可对抗的力量作斗争，奉献自己的生命。因为他们知道，历史最后会给他们的付出一个评价的。给出了这样的一个评价以后，单从功利的角度来讲，对他们的子孙还是有好处的。当然，从更纯洁的层面来讲，是对他们的道德形象有好处。所以"善恶到头终有报""多行不义必自毙"在长时段之内肯定是对的。

从进化论的角度解释"善恶到头终有报"

"善恶到头终有报"这一提法，也可以从科学角度加以说明。在这里我们可能要引用进化伦理学[1]的理论资源。

从进化论的角度看，"善行"这个词必须被翻译为"利他式行为"，也就是说，个体做出一些不利于其自身生物学利益却有利于他者生物学利益的事情。"孔融让梨"便是典型的利他式行为，也因此是善行。与之对应，"恶行"在进化论的语境中就会被翻译为"利己式行为"，也就是那些仅仅对行为给出者的生物学利益有帮助的行为。这种行为因为往往损害他者利益，所以被

1　进化伦理学：用生物进化论观点解释道德的根源、性质和功能。

说成是"恶行"（如偷窃、抢劫，等等）。因此，从进化伦理学的角度看，说"善恶到头终有报"，也就等于说，从长时间看，促发利他式行为的基因会战胜促发利己式行为的基因。但为何胜负结果不能颠倒过来呢？这是因为人类是一种非常脆弱的生物，不团结在一起，很容易被大自然淘汰。而团结就需要促发利他式行为的基因。我们之所以会有喜欢助人者并讨厌自私者的心理倾向，也是因为这种达尔文式机制的作用。

上述理论是在人类演化的大尺度内被给出的，也能说明一些在更精细的历史分辨率中才能呈现的事件的走向。我们知道，唐朝中叶发生安史之乱，这是唐朝安禄山和史思明的反叛集团引发的战争，这场战争持续了7年多。虽然叛军的战力很强，到最后还是唐朝赢了。这就是因为：善恶到头终有报，多行不义必自毙。

怎么说？因为安禄山和史思明集团的成员都是"人渣"。安禄山最后竟然不是死于官军，而是被自己的亲儿子安庆绪杀了。至于史思明，也被自己的亲儿子史朝义杀了。儿子杀爹这种事，发生一次也就罢了，竟然还发生了两次，而且都发生在同一个军事集团内部。相比较而言，至少在同期，唐朝皇族之间是没有骨肉相残的事的。比如唐玄宗，马嵬坡之变以后就逃到四川去了，在他的儿子唐肃宗重新掌握权力以后，唐玄宗平稳地把政权过渡给了这位新皇帝，自己则做了没有实权的太上皇。唐玄宗的行为当然是利他式的，因为他其实是牺牲了自己的政治利益而成全了整个唐王朝的政治利益。而唐王朝统治集团的相对稳定，也为稳定唐军的军心做出了政治保障。反之，如果你是全军统帅，还和儿子互砍，下面的人就会产生反叛之心。为什么？因为你没有德行的力量。因此，正如远古人的利他式基因帮助他们繁衍不息一样，唐朝统治集团在安史之乱中的相对团结也使得其能最终平息叛乱。

你瞧，"善恶到头终有报""多行不义必自毙"这话还是有道理的吧？德行的力量迟早会得到回报，而恶人终究会受到惩罚与批判。

人生该是短暂绚烂的烟火
还是涓涓而流的溪水?

　　这个话题有一些遥远,但又和我们每个人都颇有关联:如果将来人类得到了一种特异的能力,可以永生不死,这是不是一件好事?

　　这当然只是哲学上开脑洞的想法,我并不相信在现实中能够实现。这也是哲学思考问题的一种方法,就是假设一种在现实世界中无法实现的条件,看看在这种条件下,我们能够做什么。

永生是否会成为一种负担?

　　面对这种假设,我的直接反应是,永生可能会带来某种意义上的心理负担。很多人都觉得永生是件很美好的事情,但如果一个人真的永生了,事情就很麻烦了,因为会非常无聊。每天早上到公司上班打卡,中午吃外卖,晚上下班,就这样重复一千年、两千年、三万年……非常非常无聊。

有些人可能会觉得不对，永生和无聊之间不一定有必然联结。请设想这种可能性：我可以每天做不同的事情。就说吃饭吧，我今天吃川菜，明天吃鲁菜，后天吃上海菜，大后天不吃中国菜了，我吃意大利餐……所以，永生可以给我的生活带来无限丰富的可能性。

但这里的麻烦是什么？如果你能够活到300岁，这样说是对的。如果你要永生了，这个说法就不对了。就算你换一千个、一万个菜系，这一万个菜系和永生所带来的无限延长的时间相比，仍然是个极小的数值。所以，你有可能一开始还觉得生活特别有意思，可是能够想到的花样全部玩了一遍以后，你又开始无聊了。这时候你就会得出一个结论：人没必要永生。

所以，永生所带来的"无聊"的问题，恐怕是很难彻底解决的。

"失忆"能让永生不无聊吗？

有些人会想出一些很有意思的解决方法。他们或许会说：你为什么会觉得无聊呢？是因为你记得过去所做过的事。因此，就算是吃鲍鱼，只要你记得你吃过很多次鲍鱼了，那么，天天吃鲍鱼也会觉得无聊。而要解决这个问题很简单，就是把你的记忆时不时重置一下，这样，你就不会记得自己以前吃过鲍鱼了，于是，你每次吃鲍鱼时都会觉得非常新鲜。如果这样的方法可以实行，那么我们就可以让永生的日子变得充满了新的刺激，尽管我们输入的内容始终都是旧的。

那么这个做法是不是合适呢？它带来了一个非常有意思的哲学问题：重置记忆还叫永生吗？

为什么这是个哲学问题呢？因为这涉及了我们在前文提及的人格同一性的问题。永生是指你的人格同一性一直没有被打断，可以绵延到永远。如果你在这段时间中的人格同一性被打断了，那就会出很大的问题了。

我们已经提到，按照洛克的观点，记忆的同一性是人格同一性的基础。因此，人格同一性若被打断，记忆就不再是连续的。也正因如此，一个患有严重阿尔茨海默病的人，在法律上就不能够被认为是具备完全民事行为能力的人，因为他老忘事（当然，在多大的程度上认为他不具备民事行为能力，主要取决于病症的轻重）。而不被认为是具备完全民事行为能力的人，就意味着从法律的角度来讲，他的人格同一性断裂了。正因为他的人格同一性已经断裂了，即使他嘴巴里突然冒出一句"前面签的那个合同不算数"也没用，因为就连这句话本身都是不算数的。但是他如果还是一个健全的人，能够记起他以前所做的承诺，那么他说的这些话当然也是算数的。

永生是指人格同一性在时间中的无限延长。但是假如借助失忆来解决无聊的想法，过了一段时间，你的记忆就被重置了，你就不记得你以前是什么样子了。在这样的情况下，就等于你定期被谋杀了。既然你定期被谋杀，那还算什么永生呢？人格同一性这个概念本身被消解了，就不存在永生了。

所以，不断失去记忆也不是什么好主意，因为它破坏了我们整个思想实验的原始条件。

永生不好，那长寿还有意义吗？

经过上述一番讨论，大家会不会得出这样的推论：正因为永生不是好事，所以我们要活得尽量短一点。

不是这样的。

永生是一个非常特殊的话题，它指的是"无限"这个概念。如果你有好的方法可以帮助自己延长寿命，应该尽力去实行。大家切不能有这样的想法：因为"长寿"比较接近"永生"这个无限的概念，而永生不是好事，所以长寿也不是好事。推理可不能这么做。一句话，既然"无限"这个点离我们有无限远，那么"长寿"与这个点也有无限远。换言之，"长寿"比"永生"更接近"短寿"。因此，将短寿与长寿相互比较更加合理。

关于短寿和长寿之间的关系，我相信很多人都会说，按照常识长寿肯定是好的，医学也追求长寿。我认为这种认识是没问题的，只不过在一个分辨率更高的层面上，长寿和短寿的利弊会各自体现出来。

不妨来做道选择题。假设将来医学发达到了这样的程度，能够把活100岁定义为短寿，把活300岁定义为长寿，那么，你能不能在如下两种人生中做选择呢：一种人生是，你就活了100岁，但在这100年里，你将顺风顺水，没有任何坎坷；还有一种人生，就是让你活300岁，但在这300年中，你将活得颠沛流离。这两种人生，你只能在其中选一种，而不能兼得"长寿"与"幸福"两个好处，你要选哪一种？

这是个挺有意思的问题，能体现出不同的文化看待生命的不同观点。

这让我想起了一部电影,这部电影叫《圣诞快乐,劳伦斯先生》(*Merry Christmas, Mr. Lawrence*)。电影里有一段镜头,讲的是英军被俘军官劳伦斯和俘虏他的日军原上士("原"是他的姓)之间的对话。劳伦斯是一个会日语的英军军官,所以他有条件和不懂英语的日本原上士聊天。聊到后来,两个人就开始讨论一些关于生死的大问题。原上士说,劳伦斯,你日语说得不错,你的各方面我也都看得上,只有一件事,我觉得你这人特别恶心。劳伦斯说,你不妨说说,你觉得我哪里恶心?原上士问,你为什么不自杀呢?劳伦斯说,我活得好好的,自杀干吗?原上士就说,你们英军被我们日本军队打败了,你在被打败那一刻就该剖腹自杀,因为军人被俘是非常耻辱的。假如换成我,在被俘之前,我肯定剖腹自杀,因为军人的生命应该短暂而荣耀,死亡的时候应该像樱花凋谢一样凄美壮烈。

劳伦斯说,你们日本人的想法和我们英国人的不一样,我们觉得生命还是能长则长。原上士问他,但是你生命当中有一段被俘的经历,这难道不是一种耻辱吗?劳伦斯反问他:难道你不觉得被敌人俘虏并且折磨,也算是人生的一种财富吗?我现在正在品味这种财富。

这是一段很有意思的对话,体现出了两种人生观之间的对决。一种人生观认为生命应该是短暂、美丽的,不能有任何污点;另一种认为生命可以拉长,这本身就意味着很多可能性。我仔细思考后,还是觉得劳伦斯讲的是对的,原因有两点。

第一,如果你的生命中所有的经历都是惊喜,没有任何苦难,那么惊喜也不能成为真正的惊喜了。惊喜没有苦难做陪衬,就会显得又甜又腻，而不是真正的香甜。你想想看，劳伦斯先做了战俘，苦不堪言，等到日本战败了，他的战友再把他解救出来，那一刻不是很甜蜜吗？这时候，苦难本身的意义也就改变了。

第二，如果你的生命变长了，你的机会也就变多了，你的人生发生改变的可能性也就更多。一个活八十几岁的人，肯定要比活二十几岁的人品尝到更多的酸甜苦辣，所以等到他闭上眼睛的时候，就会觉得自己的人生特别有趣。

关于生死的这个问题，我想以这样的一个故事来结尾。

我看了一部日本的大河剧，叫《势冲青天》，最后一集讲到了日本实业家涩泽荣一的死。他死后，留下了大量的企业、学校与铁路，大大促进了明治维新以后日本的现代化。他在死的时候流露出来的对于生死问题的豁达态度，我个人也非常欣赏。

相关的画面是这样的：奄奄一息的涩泽荣一先是咳嗽了半天，然后就不吱声了。他的家人以为他快死了，结果他突然把眼睛睁开了，然后对老婆说："老伴，我死的时候，一定要喊我一声啊！"老伴点点头说："我一定会喊你一声的。"然后涩泽荣一把头一歪，这下算是真死了。

"我死的时候，一定要喊我一声"，这句话包含着极大的智慧和幽默。我们都知道，既然已经死了，人家喊"喂，你已经死了吧？"这话是无意义的，因为你已经听不到了。说出这句话就意味着，涩泽荣一意识到死本身只不过是转换了一种存在方式，这包含着一种非常有趣的观点，就是认为我们可以以某种方式来追求非生物学和心理学意义上的永生。

这种非生物学和心理学意义上的永生，是指你留下的功业。比如，你留下来的学说、工作中的产品，这种功业的永生，也许要比本文开头所讲的字面上的永生更加有意义。字面上的永生就是人真的能活无限长。而这里我们要追求的永生，很可能就是指，**我们是不可能活无限长的，但我们留下来的事业至少可以被传承几百年甚至是几千年，如果能够做到这一点，我们的人生也就没有白白度过。**

人活着是自由的吗？

有小伙伴问我，人活着是自由的吗？这问题很有挑战性，是一个哲学大问题。要回答这样一个 10 本哲学书都说不清楚的大问题，本身是个挑战。

我认为，人生有三重自由。

感受界的自由

第一重自由是感受界的自由。如果你感到你是自由的，你就是自由的，不要管外边人怎么说。

那什么叫"我感到我是自由的"呢？举一个很简单的例子，你渴了，想喝水就喝水；你想翻书，拿起一本书翻一翻，这也是你的自由。看了这本书，你觉得这书写得没意思，就把它放下了，这也是你的自由。如果你在做事情的时候，没有感受到任何人阻碍你，你可以开开心心地做任何事情，那就叫自由了。

那么，什么人会感到不自由呢？比如肉体上受到了限制的人。比如一个罪犯，他的手脚被捆住了，显然他就没有办法自由地拿起一杯水了，他要请求别人给他一杯水。也许在监狱里也没有办法自由地看书。同样的道理，如果有一个病人，很不幸地瘫痪了，那么很显然，他没有办法自由地使用自己的身体去做任何事情，这时候他就会感受到他的肉体是不自由的。

所以第一层自由，也是最浅层次的那种自由，判断标准是你在主观感受上是否觉得自己是自由的。如果你觉得自己是自由的，那么你就是自由的；如果你觉得自己是不自由的，那就是不自由的。

但这一层自由貌似太肤浅了。可能会有人质疑，真有哲学家在讨论这么浅层次的自由吗？还真有。

比如，在古希腊的时候，有一个很重要的哲学流派，叫作斯多葛主义。斯多葛主义就是强调感受层面上的自由。这一流派把人的自由比作车轮的运转，只要没有任何的石头和烂泥阻碍其运转，那它就是自由的。同样，如果你走在马路上，没有感觉到腿脚不利索，那你就是自由的。这种自由叫低限度自由，也就是说它没有一个很高的标准，大多数人都能够达到。如果你能够达到这样的自由，你就应该觉得幸福。

所以斯多葛主义的幸福观相对来说门槛比较低，不要想有房有车，或者参加北大清华的考试能够考到前十名，或者到投行里做经理……别想这些事，你能够自由地喝水走路就是自由了。

思辨中的自由

第二种自由听上去门槛极高，叫思辨中的自由。

很多人都看过电影《黑客帝国》，这部电影里就给出了一个非常烧脑的思想实验——你怎么知道你现在所谓的自由真的是取决于你的自由意志，而不是某个邪恶的精灵在背后操控，让你产生了关于自由的幻觉呢？

有可能我以为我在自由地使用我的四肢，但实际上我的四肢是不存在的，真正存在的可能只是我的大脑，而身体其余部分都是被想象出来的。我的大脑被放在一个营养钵里，这个营养钵插了很多的电极，向我的大脑皮层释放出很多信号，使得我以为我有自己的身体，实际上根本就没有这回事。所有的自由意志都是幻觉，而所有的一切都是由一个在营养钵外的邪恶科学家来进行操控的，他决定了这一切，这是有可能的。

另外一种可能性，就是我所说的所有的自由实际上都是被一些严格的生物学和物理学的定律所控制的，这就使我的所有动作都可以得到解释了。譬如，我为什么要拿起水喝？那是因为我觉得渴了。为什么我觉得渴了？那是因为今天的温度很高，引起了作为成年雄性恒温动物的我体内的一些变化，由此我产生了补充水分的需要。我的大脑发出这样的信号，使我的手拿起了一杯水，用来补充我的水分——而这显然就是一个非常自然的操作。换言之，此类操作之所以发生，是因为我的身体就像一块钟表一样运作，它的所有内在运作逻辑都是由千百万年的达尔文式的进化所决定的。在这里，自由一直只是一个幻觉。

请注意，上述内容都是一种思辨。一般来说，你能够想这种问题，主要是因为你上过哲学课了，或者是看过某些有哲学意味的电影了。如果要自己独立地想出这一套，还是比较难的。当你进入这种思辨的时候，你会发现最开始你认为确凿无疑的自由感受，现在全部被颠覆了，因此，在这个思辨的层次上，本来显得稀松平常的自由，却变成了水中月与镜中花。自由突然变得高不可攀了。

介于感受与思辨之间的自由

第三层自由没有第一层自由显得那么廉价，也没有第二层自由那么高不可攀，而是介于两者之间。这种自由是什么呢？是荷兰哲学家斯宾诺莎所说的自由。斯宾诺莎对于自由有一个很有趣的定义：自由就是对于必然的认识，换言之，你的认识多了，你也就自由了。

这句话是什么意思呢？我举个例子，各位觉得大学毕业的时候最让你头疼的是什么事？我认为是办理离校手续。办理离校手续需要去很多部门盖章，这给我带来的痛苦远远超过写 10 篇论文，这个章好像永远都盖不完，而且没有人一次性清楚地告诉我先盖哪些后盖哪些。（这是我本人毕业时的感受，现在这个流程应该变得简单一点了。）

但是，假设有一个经验丰富的人来教你盖章的秘技，别人一个下午或者是两个下午办好的事，你可能一个小时就办好了，这说明什么？说明你知道这件事情内部的运作逻辑了，事就办得快了。这时候你会觉得怎样呢？自由了。这种自由感就是建立在这种认识的基础上的。

你如果不了解这个机构内部是怎么运作的，就会觉得自己是个玩物。但是如果你能知道它是怎么运作的，就会运用自己的知识来合理调配时间，使自己的目的很快达到，就不会再怕了。

这种意义上的自由也可以推广到别的领域。比如，一个人如果不了解电，看到地线、火线就不敢接。但如果是个职业的电工，就知道怎么接，而且可以把电路接得非常好，这样就可以使电之类的危险事物为人类所用。对于火的运用也是同样的道理，原始人不知道怎么用火，但是他如果知道了怎么生火、怎么保证火燃烧等基本的道理，就可以让火为自己所用了。

第三个层面上的自由，很可能是我们在日常生活中碰到的最多的自由。读到这里，大家可能会问了，徐老师这样讲，第一层自由是感受的自由，显得太廉价；第二层自由是哲学家躲在房间里面想出来的，显得太阳春白雪；第三层自由是我们在日常生活中经常遇到的，显得最中庸。我们中国人不是爱讲中庸之道吗？那么我们就直接进入第三个层面好了，管第一个层面和第二个层面干吗？

事情可没这么简单，因为这三个层次的自由会在下一个阶段中循环。为什么？道理非常简单。

以我举例，我写过一本向普通大众讲哲学的书——《用得上的哲学》（上海三联出版社，2021 年版），里面讲了很多通俗化的关于哲学的案例。如何以通俗的方式把哲学的话题介绍给大家，这对于我来说也是一个非常大的考验。如果这件事做成了，我会觉得在这个领域获得了一定的自由，从此我就可以做更多的事情了。

当我觉得我获得了在这个领域行动的自由的时候，我就得到一种感受意义上的自由了，请注意，这是在一个更高层面上的感受意义的自由。我觉得自己进入舒适区了，想怎么做就怎么做，想怎么写就怎么写。换言之，第三类自由的获得，能使第一类自由在新的语境中重新出现。

但是这种自由可能会在某些情况下碰到阻力。有可能这本书的反响不好，这就说明我前面自以为是的自由是有问题的，于是反逼我进入了思辨领域，并思考这些问题：这个世界在客观上到底是怎么运作的？是不是我所认为的自由只是幻觉？于是，第二类的自由概念就开始扮演其应当扮演的角色了。但是，要让这样的思辨过程结出果实，我还需要将这种思辨和我的行动指向相互结合。而这种行动指向所涉及的我的社会知识与写作知识，又将我重新导向了前面所说的第三类自由。

为什么呢？因为我不是纯粹地在思考与我的行动无关的那个形而上学世界，我思考的是我的读者在想些什么，市场对我的作品怎么反应，我的作品和读者、市场互动的过程到底是怎样的……思考的过程很可能就会影响行动和思想之间的统一和谐。如果我能够由此调整我的策略，获得更大的成功的话，我可能会重新获得行动领域里面的自由（第三类自由）。但是行动领域里的自由很可能仍然是有限的，我暂时通过行动领域内的自由获得了某一个层次上的感受性的自由（第一类自由）以后，可能又会在另外一个领域遭遇思辨领域的不自由（第二类自由意义上的"不自由"）。

总而言之，**人生无非就是在各种类型的自由和不自由的相互斗争中前行的过程。**有人可能就要问我了，人到底是自由的还是不自由的？这就取决于你的雄心了。谁会更多地感受到自己不自由？就是那些行动欲望很高，并要在一个很广阔的领域里开疆拓土的人。这样的人更可能遇到那些阻碍他的力量，会有更大的概率觉得不自由。

如果你的野心比较小，仅仅想在一亩三分地里实现你的小确幸，那么你就有更多的机会感受到仅仅局限在第一个层次的自由，即感受性的自由。在这种情况下，你甚至都没有机会进入思辨性的自由领域，因为使你获得自由感的门槛本来就比较低。这可能最后就会导致一个问题，好像自由是否存在这件事，本身取决于你选择了怎样的人生规划。你如果给自己选择了一个门槛非常高的人生规划，就大概率会感受到不自由。但是如果你能过千军万马，成为 10 万个人、100 万个人里那个最成功的，那么你由此获得的自由的满足感很可能也是别人所感受不到的。

所以，最后一个问题是留给大家的：大家到底是要去选择一个非常有野心的生活规划，然后大概率会碰到一大堆让你感到不自由的烦恼——但是一旦成功了，就会获得那种最高级的自由；

还是选择这样的人生：放弃一切风险，在一个低水平的层次上享受各种各样的感受性自由？

这个问题不是我能够回答的，因为这是你要回答的问题。

06

当哲学审视艺术

射手、农场主与火鸡
——谈谈《三体》里的假说

　　著名的科幻小说《三体》中，有两个假说大家都在讨论，一个是"射手假说"，另一个是"农场主假说"。

　　先稍微帮大家复习一下这两个假说。射手假说假设的是，我们是一些低维度的、生活在平面上的生命，而有一个更高维度的生命，它能用类似猎枪的东西，在我们所生活的平面上随意地打出一些间距相等的洞——于是我们就发现，在我们周围，每隔一定的距离就有一个坑，体现出了一定的规律。结果，我们当中稍微聪明一点的人就要用数学的法则来揭示这种坑的分布规律。这样的假说意味着，我们所说的科学规律很可能就是某种存在的任意行为的产物。

　　而农场主假说就是：有一堆火鸡被养在一个农场里，它们发现了一个规律，即每天上午 11 点钟，农场主都会来给它们喂食，它们认为这个规律会永远有效。但在感恩节前一天，上午 11 点之前农场主来了，结果它们变成了食物，在这一天，规律就失效了。

这两个假设所要体现出来的思想，无非是说地球人所看到的科学规律，本身可能是充满着各种谬误的，而在更高级的生命体看来，可能根本就不存在这些规律性。这就引出了地球人和三体人之间的差别，三体人就是更高级的那一类生命。

"黑化"的自然神论

从哲学的角度来看，我认为，实际上射手假说和农场主假说都是对于基督教的自然神论的颠覆。

什么是基督教的自然神论呢？大约是在牛顿那个时代出现的一种基督教神学理论。牛顿的科学体系被大家接受以后，基督徒就面临了这样的问题：怎么让新科学的发展成果和基督教的教理之间彼此融合呢？他们想出了一种理论，就叫自然神论。

其实牛顿也是相信自然神论的。按照作为基督徒的牛顿的神学观点，上帝负责创造规律，而人类科学家则负责发现规律。上帝把人类创造出来，就是希望人类的智慧能够发现这些规律，而人类发现的这些规律本身又是上帝智慧设计的一部分，所以整个宇宙是通过上帝的智慧设计出来的。这种观点曾经流行了很长时间。

请注意，这个观点可不同于《三体》中的射手假说和农场主假说。它是射手假说和农场主假说的"善意版"。

善意版之所以是"善意"的，那是因为，根据自然神论，上帝造出来的世界的规律是真的。上帝不可能故意造出一个假的世界来忽悠人类，因为上帝是全知全能全善的，他不会干出忽悠人类这种事。

而农场主假说和射手假说则有"更高级智慧体就是在忽悠人类"的味道。但它们为何要忽悠人类呢？有两种可能：第一，高级智慧体不在乎人类，总是在逗人类玩；第二，高级智慧体要故意害人类。

"不在乎"这一可能具体体现于所谓的射手假说。在这个假说里，高维度的生命并不想刻意害死人类，而是抱着一种恶作剧的心态，随便开几枪，人类发现所谓的规律是人类的事，根本不关高维度生命的事。

而农场主假说就更吓人了——高维度生命忽悠人类是为了把人类养肥，总有一天要吃了人类。

所以，在第一个版本，也就是射手假说里，牛顿的上帝已经被替换成了一个超级赌徒。他以扔骰子的心理随便扔出一个结果来，然后看看人类怎么玩，看得很开心。在第二个版本里，牛顿的上帝则被替换成撒旦了。也就是说，他的确在道德上是恶的，要把人类全部忽悠瘸了，这样他就可以来"卖拐"了。

高等文明更可能是善的

而我更愿意相信，宇宙中如果有一个比我们厉害得多的超级文明，它是善意的概率要高于它是恶意的。**我认为，一个人内心向善是不需要解释的，内心向恶是需要解释的。**

有人可能会说，这不就是孟子说的性本善论吗？

我不仅仅是因为要站在孟子的立场上说话，我有个更好的解释。

如果你的文明已经发达到一定的程度了，那你就会不差钱，不差资源。现在我不问外星人，就问各位读者，假如我突然给你一个支票本，告诉你，现在你莫名其妙有了一大笔钱，而且请放心，这钱是绝对干净的。你首先想做什么事？你可能要满足一些基本的生存需要，或者你还想要豪宅、私人飞机……但问题是，假如你把所有能想到的个人花销全部花掉以后，只消耗了你的财产的千分之一，那接下来拿这笔钱怎么办？

只要是个正常人，可能就会想：我可以做个慈善家呀！钱我都有了，我现在要追求名了，我可以把钱捐给复旦大学、清华大学，建几幢教学楼，用我的名字来命名。这是一个正常人的思路。

反过来，当你的钱无限多的时候，你觉得自己会先考虑做一个十恶不赦的大坏蛋吗？我承认世界上可能会有个别人有这样的想法，但这不是正常的想法。如果有人有一种不正常的想法，就需要额外的解释（比如童年创伤）。

为什么这不正常？因为恶往往产生于资源的不足。当资源不足到要互相争夺的时候，人才会产生恶念，而你的资源特别充足，你为何要攻击别人？至于个别资源非常丰富的人也会产生恶念，要么是因为他野心太大了，要吃掉全世界的资源；要么是因为其童年遭受的虐待使得其即使在有钱后也无法摆脱那种报复欲，并因此无视自己已经得到的荣华富贵，一门心思想搅乱别人的生活。总之，这些都不是正常人。

当然，《三体》的故事和我前面设想的不一样，按照其设定，三体人产生抢夺地球人资源的恶念，还真是因为他们的资源不够用了。说得更直白一点，他们的家园要毁灭了。这就好比说，他们的房子实在是修不好了，所以要跑到地球上来抢我们的房子。

无论是小说还是电视剧，《三体》都是把射手假说和农场主假说放在一起讨论的，但是站在哲学的立场上来看，更高级的生命若对别的文明具有本能的恶意，这一点需要额外的解释。如果一个更高级的生命对别的文明抱有本能的善意，这一点倒不需要额外的解释。

这可能和很多人的设想是相反的，很多人认为恶意是天然的。我会告诉大家，**只有在资源高度匮乏的情况下，恶意才会滋生出来。**而"高等文明"这个概念本身就意味着它对资源的利用能力和再循环能力是非常强的，假设它们真的存在，将更有可能是善意的文明。

黑暗森林站不住脚？

基于科幻小说《三体》改编的动画片和电视剧播出后，"三体"又成了热门话题。可以看出编剧、导演和演员们在这件事上也花费了很多心思，包括剧中三体的游戏里展现的各个文明兴衰的过程，也非常具有史实感。我们很少在这样一个尺度上来思考宇宙文明和个体之间的关系。所以我觉得，这样的小说所体现出的对于人生和目的的思考也是非常深刻的。

不过在这篇文章中，我还是想说一些"反面"的话，因为研究哲学的一个重要工作就是批判。

细说"黑暗森林"

《三体》这部小说的一个核心假设是黑暗森林法则，本文要讲的就是这一话题。

黑暗森林法则说的是，宇宙中的文明就像一大群猎人，在黑暗的空间里走来走去，彼此之间都不信任。如果对方的坐标向你暴露了，最安全的做法就是开火，把它消灭掉，而不能让对方有开火把你灭掉的机会。

我认为，纵观人类历史，真的要找到这样的黑暗森林法则，还真的非常难。人和人之间的争斗并不是按照黑暗森林法则来进行的。《孙子兵法》里有很多篇章在讨论一个基本的原则，就是怎么利用间谍来摸清对方的情况。这是不是就意味着要灭了对方呢？《孙子兵法》不是这么说的。

《孙子兵法》的一个核心思想是：知己知彼，百战不殆。灭掉敌人固然很爽快，但这种灭国战风险太大，没有万全之准备，不能轻易发动。因此，孙子的军事哲学思想并不是那么具有进攻性。与之相较，三体文明体现出的黑暗森林法则是很有攻击性的想法，也就是说，进攻是最好的防御，一旦发现敌人就要把他消灭掉。

《三体》中的黑暗森林法则其实是有三个预设的。

第一，整个宇宙的资源是有限的。否则，发动战争的基本理由——抢夺资源——就不成立了。

第二，有一种弥漫于星际的"人性本恶"的思想，就连外星人也是恶的。

第三，如果有的文明（如三体人文明）在科技树上爬得特别高，这是因为相关的文明牺牲了人文价值。

这三个假设构成了整个《三体》的哲学框架。

我对于这三点都有自己的一些管窥之见，下文便会具体展开。

宇宙资源是否有限？

《三体》的故事里有一个很重要的限制，就是宇宙的总资源是有限的。在总资源有限的情况下，不同文明之间的关系必然像霍布斯在《利维坦》里描述的，人与人之间就像狼与狼。

实际上，除了地球以外，围绕着恒星运转、体积大小正好的固态星球，宇宙中还有很多，地球显然不是唯一的选项。如果我是外星人，我会思考这样一个问题：即使我的家园被毁了，我要换一个地方住，最好也是去找一个没人的地方吧？如果有人的话，我还要打一仗，在这段时间内，那个星球的"科技树"提高了，我打不动怎么办？相对而言，改造一颗无人的星球要花的力气就比较小。

地球上就有很多科学家认真地考虑过把火星改造成一个能够住人的地方。那么，太阳系有火星，三体人为什么一定要移居早就人满为患的地球呢？以他们的能力不能改造火星吗？为什么一定要通过打仗这种残忍的方式？

康德曾经追问过一个问题，宇宙是不是无限大，时间是不是无限长？这实际上就是在追问有限与无限之间的关系问题。"无限"既能指时空，也能指资源（有时候我们会将时间与空间也视为一种资源）。因此，康德的问题也能转换成另外一个问题：宇宙中的资源是不是无限的？

康德式的答案是：我怎么知道？

我们人类的生命是有限的，因此，要验证宇宙中的资源是不是有限的，这是超越我们的能力的。不过，若从猜测的角度看，我愿意相信宇宙中的资源是无限的。爱因斯坦早就告诉我们了，一瓶水里面的物质能量，假如你能好好利用，也能够推动宇宙飞船。主要的问题其实是目前没有能够将这些能量充分运用的科技。但现在不行，不等于说未来不行。

宇宙是充满恶意的吗？

黑暗森林法则中还有一个假设，就是有一种弥漫宇宙的"人性本恶"思想，不同的文明总是以敌意的视角来看待对方。那么，这个假设能不能成立呢？

我认为，敌意本身是和资源的有限性有关的。你手头的资源越少，你就越容易用敌意的眼光来看别人；如果你的资源比较多，看待别人时就比较宽容。所谓的"仓廪实而知礼节"，说的也是这样的一个道理。

那么从原则上讲，一个文明的"科技树"越高，利用外部资源的能力就越强，也就越富裕。如果它越富裕，在心理上的宽容度就越高，相对来说，它就不会用敌意来看待对方。

所以，如果不讨论三体人这样一个特殊的环境——三体人的家园出了问题，所以才要去抢夺别人的家园——如果是一般意义上的高级的外星文明，我个人认为他们在相当大的程度上是不会对外部世界怀有敌意的。

实际上，在20世纪，人类已经向外部空间发送了很多寻找外星人的信号了，难道我们地球人发送这些信号是带有敌意的吗？我并不觉得。那么为什么要设想比我们高级得多的文明，在做类似努力的时候会是抱有敌意的呢？

而且《三体》把敌意说成是在整个宇宙都有效的原则，这是否可能呢？现在沿着达尔文主义的方向发展，有一个新的分支，叫作进化伦理学。

进化伦理学是什么意思呢？举个例子，我们为什么要彼此关爱，就是因为在进化的过程中，利他主义行为能够提高整个族群的生存能力。我们整个族群如果互相帮助的话，大家都能生存下来，如果每个人都像狼与狼一样互相撕咬，我们的族群就会灭绝。

这样的演化过程中产生的仁慈心理，会造成一种辐射效应。这种辐射效应会使我们对和我们没有血缘关系的族群，也天然地抱着一种善意。因为我们习惯了善意，甚至我们对小动物也会保有足够的善意。

在这样的情况下，如果进化伦理学的一些基本原则在外星球也适用，那么，达到了很高文明水平的外星人，对其他的文明和其他的生物也可能会保有一种原始的善意，除非他们本身遭到了攻击。我觉得这种可能性是很大的。

这里又牵涉一个问题，就是进化伦理学的基本原则是不是在整个宇宙都普遍有效。按照已故美国哲学家丹尼尔·丹尼特的观点，进化论的思想是腐蚀宇宙各个角落的超级强酸。这句话的真正含义是，进化论的原则在宇宙任何一个角落都有效，所以外星球上的生物进化也要符合进化论的一般思想。这种"超级达尔文主义"的观点，我是接受的，因为达尔文主义的基本前提——生物体任何性状的出现都是为了适应环境——我认为是普遍有效的。但需要注意的是，充满善意的利他式行为也是一种生物学意义上的性状，因此，按照这种"超级达尔文主义"的思想，只要使得利他式行为产生的环境参数存在，善意就会出现在生物界的各个领域。需要注意的是，因为丹尼特的书籍在我国的传播度还有待提高，所以很多人提到达尔文主义，还会想到诸如"弱肉强食"之类的观点。实际上最新版本的达尔文主义恰恰是为孔孟的人性本善说提供生物学支持的。从这个角度看，在人文价值与科学理性之间，完全可以出现非常和谐的关系。

为了科学发展，可以抛弃人文与艺术吗？

三体文明是个很奇怪的文明。当三颗恒星互相围绕着旋转的时候，它们的轨道很可能会复杂到从数学角度无法计算的程度。如果再有一颗行星围绕着这三颗恒星转，那就更复杂了。它就像是一个男生围绕着三个在跳舞的姑娘跳更复杂的舞蹈，跳到一半就会被三位姑娘的引力互相拉扯，找不到北了。假设这个男生所代表的行星接近其中的每一位姑娘代表的恒星时都会被其炽烈的火焰烤一遍，那么，我们怎么能够相信生活在相关行星上的生命会得到幸存呢？换言之，相关行星上文明的存在周期非常短，即必须在离这三颗恒星中的任意一颗都不远不近的情况下加快发展。

按照《三体》的假设，在这样生命发展空间非常逼仄的环境里，文明的发展要抓紧一切时间。因为适宜发展的时间非常短，所以他们就没有时间去娱乐，没有时间去搞艺术、写小说——甚至是写《三体》这样的小说。他们做的每一件事都必须是重要的，且必须专心致志去做。比如，种地就是种地，发展科技就是发展科技。然后他们可以在最短的时间内把"科技树"变得很高。

这件事是不是可以做成呢？我认为，以我们地球人的经验，不太可能做成。

你仔细想想看，科技发展的一个最大的特点是什么？

不停地试错。

20 世纪有一个很重要的发明，就是集成电路。集成电路刚刚被发明出来的时候，良品率很低，市场不看好，大家认为这就是个玩具。但是如果当时有一个人有先见之明，坚持投资，后来就能赚很多钱。问题是，很多人都没有先见之明。现在假设三体人得到了神助，在点化"科技树"的过程中，每一步都不犯任何错误，每棵树的苗都长得很正，这有多大可能？

所以我只能说，这件事发生的概率非常低。而如果要允许大家试错，就要有一个宽容的社会氛围，因为只有上帝视角才能做到预先避开所有的坑，而即使是三体人，他们也不是全知的上帝。若要有一种宽容的社会氛围，就必须允许小说、艺术的存在。

为什么呢？因为首先要促进大家想象。促进想象的第一步就是读小说，所以科幻小说对刺激科学发展所起到的作用尤其不可忽视。比如，凡尔纳创作的科幻小说，的确激发了当时的人类对于登月与巨型水下潜水艇的畅想，而今天的人类也已经将其中的很多想法落实了。同样的道理，我们也可以设想，在外星球的文明中，他们也要花费大量的时间进行这样"想入非非"的思考，以促进他们的科技发展。

还有一个我必须指出的问题，如果三体人的文明如此之高，他们会不会有哲学？我相信是有的。外星人要思考这么深远的问题，他们不要会通文史哲吗？他们有他们的历史，也必须有他们的哲学、文学、科学。他们也要思考各种道理背后最根本的道理是什么，这最根本的道理显然就是哲学。外星人的哲学是什么样的，我非常好奇，也许能够和地球上的哲学相互交流。

总而言之，《三体》这部小说带给我们一个非常宏大的世界观，也促使我们思考很多的问题。我们看看小说，看看电视剧，解个闷，本没有什么问题。不过，大家不用过分担心真有什么三体人会把我们地球人给灭了，因为小说中的宇宙并不等于现实中的宇宙。

泰勒斯的“水”

西方思维的一个特点，就是要把对万事万物的解释都放到同一个思想体系里，用这个思想体系来以简驭繁。这个特点在我们熟悉的牛顿力学里已经体现了：上至天体运动，下至苹果落地，都可以用简洁的物理学公式加以概括。而科学研究中体现的这种体系化、统一化的趋向，更集中地体现在哲学中。如果要讲与此相关的哲学家，第一个就是泰勒斯。

泰勒斯与世界本原的“水”

泰勒斯何许人也？他是整个西方哲学的开山鼻祖。不仅如此，他还被认为是科学界的前辈，因为他对天体的观察也颇有心得，也能算是一个天文学家。也就是说，西方的哲学和科学共享着同样的起源，这个起源来自泰勒斯。

据说泰勒斯对于日常的事物是完全不关心的，他喜欢仰望星空，却不太看地上的水塘子。他有时候看着天体，不小心掉到水塘子里，还被街坊邻居嘲笑。

像泰勒斯这样的哲学家，为什么关注天上的星空，却要忽略脚下的水塘呢？这是因为，他要追求的是对于宇宙的某种终极解释。这种终极解释吸引着他仰望星空。他觉得水塘这种事情是小事，所以根本不在乎。

对于终极解释的追求，使泰勒斯提出了一个很重要的哲学概念。这个哲学概念叫"水"。

读到这里，大家可能都会觉得丈二和尚摸不着头脑。水是什么重要的哲学概念？它不是在我们生活中很普遍吗？

但是，泰勒斯提出水的语境是和一般人不一样的。他在追问世界的本原是什么，它产生于哪里，又复归于哪里。他对这个问题最后给出的答案就是水。

所以，水在这里扮演的不是日常生活中的角色，它已经是一个被高度哲学化的概念，是解释世界生成的终极奥秘。水在这里扮演的角色，就是要给世界的变化一种大一统的解释。这是件非常了不起的事。

为何选中了水？

为什么泰勒斯在万事万物之中会想到水？这有不同的解释。

一种解释就是，水的确更像是万事万物的始基或者本原。为什么呢？第一，水有气体、液体、固体三态的循环，本身可以变来变去，但是又在某个深刻的层面上保持了某种不变性；第二，水的确和万事万物有关系，人没有水就会死，植物如果没有水也会枯萎，水本身就赋予了万物以生命；第三，水对海洋民族来说也有图腾意义，希腊人正好是一个海洋民族。所以，泰勒斯选择水也不是随意的。

泰勒斯生活的时代是古希腊，当时的宗教是多神教，多神教的原则不是"一"，而是"多"。而泰勒斯提出的"水"是一个排他性的概念。这也证明了他试图摆脱当时多神教的思维对于人类思想的影响，开创出一条自己的道路。

日本有一个思想家叫柄谷行人。他利用历史唯物主义观点，重新解释了泰勒斯为什么会看中水。历史唯物主义观点是从一个民族的特定生产方式中推测出它应该有怎样的思想意识形态。泰勒斯所处的环境是什么呢？他生活在爱奥尼亚，但当时爱奥尼亚地区是希腊人在小亚细亚建立的海外殖民地，所以是希腊文化所覆盖的地方。在海边长大的泰勒斯，同时又处在非常复杂的地中海各国沿岸的交通贸易网络之中。所以他可能从小耳濡目染，经常看到有很多船开到他的家乡开展交易。各国都有各国的货币。所以他也在思考，在各国的货币交换机制背后，有没有一种统一的交换机制。他由此可能进一步引申出这样一个问题：整个宇宙天地万物的交换背后，有没有一种统一的货币机制？他想到的概念就是水。

很明显，在泰勒斯的哲学观念里，水已经摆脱了它的自然形态，成了宇宙之间的一种至高存在者。

但是水这个概念仍然带有感性的外观，想到水，你首先会想到它是一种无色无味的液体，而不会首先想到它是个概念。所以真正要找到这个至高存在者，我们还需要在哲学上往抽象的方向继续前进。但不管怎么说，泰勒斯迈出了最关键的第一步。

水的一个特点就是在虚实之间。水汽是虚的，水冻结而成的冰是实的，而更常见的液态水便是在虚实之间。同样的，戏剧的特点也是在虚实之间：在虚假的故事里品味真实的人生。下面我们就来谈谈与戏剧欣赏相关的"BE 美学"。

揭秘虐心 BE[1] 背后的美学哲学

有很多很多的戏剧故事，结局都是让人心碎的。像哈姆雷特，他为自己的爸爸报仇，杀死了自己的叔父，但自己也死了。罗密欧与朱丽叶，他们先后死去，留下荡气回肠的爱情悲剧。

凭什么呀？凭什么"死"这么一件糟糕的事，我们看了以后觉得又虐心、又想看，越看越虐，越虐越看……我们是不是一种自虐的动物啊？

如果你这样想的话，我恭喜你，你已经进入哲学的境界了，已经进入亚里士多德诗学所讨论的悲剧的本质的境界了。这就是千百年来美学领域的哲学家所讨论的一个问题：为什么悲剧那么虐，我们还觉得它很迷人？这是一个很深刻的哲学问题。

1　编者注：BE，即 Bad Ending 的缩写，意为不好的结局。

悲剧三要素

悲剧的审美意义到底在哪里？要想解释清楚这个问题，首先需要思考一下到底什么叫悲剧。

一个纯粹悲惨的事情不是悲剧。比如，你正好拍到一条狗闯过马路，然后它不小心被一辆卡车轧死了，你拍下来的就是一条对这个悲惨事件的视频记录，它不是悲剧。

悲剧是有很多要素的，少一个都不行。

第一个要素，是要有个具有特殊精神特点的主人公：他必须有一个人生目标，要有与命运进行斗争的自觉意识。如果一个人得了绝症，想不开就跳楼了，这不叫悲剧。如果一个人得了绝症，然后英勇地和疾病作斗争，到最后仍然没有摆脱死神的召唤，但是他死前留下的那种与命运英勇斗争的形象鼓舞了我们，这就可以成为悲剧的内容。所以，关于悲剧的第一要素就是要有个这样的主人公：他不认命，他要和命运斗争，这一点非常重要。

以俄狄浦斯的故事为例。有人对他说：你这小子天生就要犯下杀父娶母的大罪。小青年俄狄浦斯听见了很不开心：我是个阳光好少年，我怎么会做这样猪狗不如的事情呢？我要摆脱这个诅咒。所以他就跑到很遥远的地方。但最后还是没能摆脱诅咒，犯下了杀父娶母之罪。但他毕竟有与命运斗争的主观意志。

第二个要素，是主人公的斗争要有胜利的希望。我们和命运作斗争，是基于我们的常识，知道和命运斗争有一定的胜算。如果去做一些毫无胜算的事情，本身就会和现实生活高度脱离，反而不会引起人们的悲悯之心，人们只会觉得好笑。比如，我看到哪个地方有火山，我怒了，凭什么这里有火山？把水龙头拿来，我要把火浇灭！这样的情节不能出现在《俄狄浦斯王》里，只能出现在《堂吉诃德》里——而后者是喜剧，不是悲剧。

第三个要素，大家应该能想到了，就是主人公抗争到最后还是失败了。失败这件事为什么会带给我们快感？无论悲剧喜剧，它的本质都是演戏。问一个很简单的问题，演哈姆雷特的演员去世了吗？演罗密欧与朱丽叶的演员去世了吗？并没有。正因为悲剧是演戏，所以，大家看到悲剧以后，看到罗密欧与朱丽叶死了以后，就会突然想明白：我还活着，我作为观戏者还活着。这样，我们就能从刚才经历的巨大悲痛中得到一些慰藉：好吧，现实至少比戏里好一点。

悲剧的审美意义

请注意，悲剧有一个重要的逻辑前提——它是给活人看的。这个逻辑前提在这里起到了很重要的作用，正因为你活着，你才能够享受悲剧，你会突然意识到一个问题：《罗密欧与朱丽叶》这样的悲剧，可能会发生在任何人的身上，但是我非常侥幸地没有被这样的噩梦或者厄运所暴击，我要比罗密欧与朱丽叶幸运得多。

这会产生怎样的心理？小确幸。但是这个小确幸又是和恐惧连在一起的，因为只要一不小心，我就会从钢丝上掉下来，遭受这样的厄运了。好险啊！

所以，我们一边对那些已经掉下钢丝的人表示哀悼之情，一边又有点不好说出口的小确幸之感。

自己对自己的"BE 美学"，又是怎么回事？

讲到这里，很多人就会反驳我了：有些人要死时，也会对自己产生审美快感。这叫行为艺术中的悲剧。讲到行为艺术中的悲剧，大家就会想到项羽和虞姬，临死还要作首诗。当然这个故事是存疑的。我也可以举一个外国的例子，和项羽、虞姬的故事也非常像。

日本战国时代的头号美女，名字叫阿市，这个阿市和很多军阀结过婚，她最后一个丈夫就是柴田胜家。但是她和柴田胜家结婚不久，他们所在的城堡就遭到了丰臣秀吉的攻击，而贪恋阿市美貌的丰臣秀吉很想得到阿市。阿市不从，和丈夫一直跑到城堡上的天守阁，自燃而死，悲壮得不得了。

日本的贵族在自杀之前，一般都要作一首诗，叫作绝命诗。中国也有这样的传统，像秋瑾烈士，在牺牲之前就写出了名句"秋风秋雨愁煞人"。

阿市写的诗我觉得也非常好，叫"夏夜短暂缥缈梦，杜鹃声声催泪别"。她作完诗后就和丈夫一起死了。

死都死了，还不忘"BE 美学"，这不是很奇怪吗？我们前面所说的是剧中人的"BE 美学"，可她现在就是剧中人啊，她现在是真死啊。

我来告诉大家这是为什么。在阿市的例子中，通过作诗这件事，她完成了对"超我"的构造。这就牵扯到弗洛伊德的理论。

弗洛伊德将人格分为三部分：第一部分是"本我"，就是本能性的自我；第二部分是"自我"，就是我能够意识到的心理上的自我；第三部分是"超我"，就是我为之服务的我的价值观。

举例来说，司马迁在写《史记》的时候，他实际上是在完成超我，因为《史记》这本书是"究天人之变"，会流传下去的。这要比司马迁的自我活得更长。阿市在那个时候已经意识到，自己死定了，而且她的气节决定了她绝对不会向丰臣秀吉妥协，宁可和丈夫一起被烧成灰，也不能让丰臣秀吉得到自己。在这种情况下，她要克制对肉身毁灭的恐惧，就要写一首诗，因为这首诗会在她的肉身被毁灭后得到流传。如今的人为什么纪念阿市？因为她留下了这首诗，体现了一个女性的气节，这就完成了超我。

顺便说一句，站在超我的层面上，再来看这种肉体的腐朽，你还会有一种高级的小确幸感：我的肉体虽然毁灭了，但我的超我还活着，我的超我还可以在一个安全的层面上传到千秋万代——在那个层面上，还有一个安全的避风港。

正是因为找到了这个更高级、更安全的避风港，所以很多悲剧才有价值。

真正高级的悲剧，它的一个体现就是，主人公虽然死了，但他是为了一个高级的理念而死的。他往往是为了民族、为了国家，或者为了某种更加崇高的、美学的或者道德的理念而死，大家才会去纪念他。在这样的情况下，他就完成了超我的构建。

当主人公意识到，超我能够在千秋万代生存下去的时候，他也会对自己产生一种审美快感。这也会进一步激发他这种特定的道德行为。

最后，我们来做一个总结。如果你喜欢"BE美学"，总体来说是个好消息。第一，你知道这个世界充满着各种各样的危

227

险，做一件事情是很难成功的，这就说明你不幼稚。第二，你追求安全感，因为你还是想活下来，这一点谈不上高尚，也谈不上低俗，这是人之常情，因为我们是生物。第三，如果你还特别欣赏那些高级的悲剧，欣赏那些为了高级的理念而牺牲的灵魂和生命，就说明你的道德感比较强。

我也写过一部悲剧小说《坚——三国前传之孙坚匡汉》。我让一些理科背景的同学做了一个实验，先去概括小说中的一部分剧情，然后将此类剧情"喂给"诸如 ChatGPT 这样的大语言模型，看看机器是如何续写我的剧情的。同学们反复测试后发现，机器倾向于将我写的悲剧性结局都改成皆大欢喜的通俗情节，可见，ChatGPT 不懂"BE 美学"。担心 AI 会淘汰人类作家的朋友们，你们其实更应该去担心今天的年轻人看不懂"BE 美学"，因为 ChatGPT 用以编造剧情的语料恰恰是来自互联网上那些缺乏"BE 美学"情趣的低级网文。

在这里我们讨论的悲剧，往往是古典文学的一部分，我写的小说，也在处处模拟古希腊悲剧与莎士比亚悲剧的套路。而此类作品，毕竟不是艺术的全部。下面我们就在一个更广的范围内讨论一下艺术审美的问题。

当我们欣赏后现代艺术时，
我们在欣赏什么？

首先得澄清几个概念：古典艺术、现代艺术与后现代艺术。

古典艺术说的就是达·芬奇的《蒙娜丽莎》之类的作品，一看就知道画的是啥。一个没啥艺术修养的人看了这画，也会说：哇，这画上的女人画得好像啊！

现代艺术的典型，则是毕加索的《格尔尼卡》。尽管这画上所表现的格尔尼卡被轰炸的图景是以非常抽象的形式呈现的，但你大致知道这是一幅以反法西斯主义为主题的画。总之，你还是能体会到艺术家要表现的是什么。

那什么叫后现代艺术呢？

假设你进入了一座后现代艺术博物馆，然后发现，这个艺术博物馆里的画你都看不懂——不是那种懵懵懂懂的"不懂"，是彻底看不懂。

比如，有一幅画看起来就是一块红色，画的名字叫《观看红海》（公元 215 年）。

第二幅画，也是一块红色，一模一样，画名倒是改了，叫《克尔凯郭尔的心情》（1870年）。

第三幅画也是一模一样的一块红色，画的名字是《红场》（1975年）。

画展到此结束了。

你疯了，碰到策展人，说："你不是在逗我吧？我花了10美元买的门票，就看了一堆红布，我回家看红布也是可以的呀！"

上述这个思想实验的名字叫"红色的四方形"。

谁来判定什么是艺术？

看过上文，很多读者可能会想起另一个案例，就是杜尚的小便池。杜尚把一个非常简单的甚至是难登大雅之堂的小便池，放到了一个艺术展上，就使它变成了一件艺术作品。这引起了很多人的非议，这怎么能算艺术作品？

类似的问题也被当代的一位很重要的艺术哲学家丹托讨论过。他对这个问题给出了一种解答，这就是所谓的"体制理论"。

体制理论意味着，小便池并不是一件艺术作品，一块红布也不是艺术作品，但是如果它们被放到美术馆里，旁边再写上高大上的名字，比如"泉""红海"，被大家承认后，在艺术界的体制当中，它们就变成了艺术品。

换言之，只要艺术品鉴专家一致认为，这样的一块布头或者小便池是个艺术作品，它就是艺术作品。

但是这个理论听上去感觉有点怪，好像艺术品鉴家就可以抛开大众的直觉，说什么是什么了。这会让很多所谓的"艺术外行"感到非常不舒服，因为这和我们对于传统艺术的欣赏习惯不一样。

古典美学的启示

虽然很多人对抽象绘画的审美认识存在分歧，但至少大家对于一些更简单的事项是没有太大的审美分歧的。德国的大诗人和哲学家席勒就提出过类似的观点。席勒要求我们去观察两组线条，一组线条相当自由飘逸，另一组线条相对呆板。那么，大家会喜欢哪一组线条？请注意，这些线条并没有刻画人物，而是随手画出来的。大家应该会觉得自由飘逸的线条更让人喜欢，为什么呢？因为每个人都喜欢过得自由飘逸，我们看到自由飘逸的线条的时候，就会感到一种韵律的美感，于是觉得这些线条特别漂亮。

这就是一种古典美学的观点，即使描绘的事物并不和人有关，只要进行艺术刻画的主体是人，你还是能够通过人性来进行艺术欣赏。

我们可以举一些例子来说明哪些是符合古典美学观点的美：第一，大多数人都会默认熊猫是很可爱的；第二，珠峰很雄伟，我相信大多数人都会同意；第三，银河很壮丽，没问题；第四，断臂维纳斯是艺术杰作，也没什么问题；第五，蒙娜丽莎的微笑真是绝了，应该没有异议；第六，关于什么样的人长得漂亮，固然在不同的时代、不同的国家、不同的文明中，是有很多争议的，但至少大多数人都会同意，长得匀称的人比不匀称的人漂亮。

但上述观点是否适用于杜尚的小便池呢？麻烦的是，很多人恐怕都很难在其中找到哪怕一点点值得欣赏的内容。那么，这是不是意味着古典美学的观点已经过时，不能用来理解后现代艺术了呢？

我对这个问题提出了自己的解释。拿前面那块可以被不同的画名所注释的红布来说，它其实也算艺术作品。换言之，该作品本身的意蕴是非常复杂的，既可以解释成红场，也可以解释成红海，还可以解释成别的东西，这就带来了多重诠释的含义。这种多重诠释的可能性，以及由此带来的语义上的暧昧，本身就带来了某种审美快感。因为它在某种更深的意义上符合了席勒的理论——它给了观众更多的解释自由，而席勒的理论恰恰认为，能够带给大家自由感的艺术形式，也能够给大家带来快感。后现代艺术能够给大家带来的恰恰是诠释层面上的自由感（同样的解释也能被施加到杜尚的小便池上，请读者自行脑补）。所以说，席勒的理论并没有完全过时。

我仍然是坚持着一种相对来说比较古典的理论，即艺术审美必须与人性相关。甚至对于貌似难懂的后现代艺术作品的理解方式，也曲折地反映了人性的特征。道理非常简单：是人在解读这些作品，是人在赋予其解读结果以意义，因此，人性的某些特征就很难不投射到相关的解读结果上。

那么，到底是哪些因素使一个观众能将杜尚的小便池视为一件艺术作品呢？这里的关键是观众对作品与其周遭环境之间对比的感知。小便池一般是不能登上大雅之堂的，而艺术展览厅则往往装修豪华，二者之间的对比，很难不引发观众的好奇，并诱发他们去思考这一对比背后的意义。而在追寻此类意义时所获得的众多可能结果之间的冲撞，则大大提高了观众的审美体验，使得作品显得更有"嚼劲"。很显然，少了人的观看与思索，小便池就只是小便池。

由此不难看出，在上述过程中发挥重要作用的两项人性要素便是：第一，具有反差性的感知现象对于人类认知系统的天然吸引力；第二，人类认知系统对古怪现象的天然好奇心。

需要注意的是，既然这些人性要素不可能是在后现代艺术出现后才演化出来的，那么，我们就可以设想：即使在古典艺术大行其道之时，这些人性要素也早已在发挥作用了。从这个角度看，用以指导后现代艺术创作的一些基本原则（只要这些原则与人性的基本要素挂钩），亦能在稍加变形后用以指导传统类型的文艺作品的创作。我在创作小说《坚——三国前传之孙坚匡汉》时，也试图通过人物与其周遭环境之间的对比来赋予人物性格多重的意义。具体而言，如果我试图赋予主人公孙坚既忠诚又狡诈、既专情又滥情的复杂性格，那么，我似乎就欠读者一个解释：为何一个人可能同时既忠诚又狡诈呢？抽象的解释显然苍白无力，而正确的解读，便是像杜尚将小便池搬运到艺术展厅一样，将我的主人公置于不同的剧情场景之内。比如，当孙坚与挚友在一起的时候，你就会发现他的忠诚；而当他处在充满敌意的政治环境中时，你就会发现他的狡诈。因此，正如艺术展览厅自身的特征倒逼观众将小便池也视为艺术品一样，孙坚在具体语境中的德行特征，也反过来塑造他的德行特征。

负典与茜茜公主之死

　　在上一篇的结尾，我们集中论述了观众对于后现代艺术作品的解读投射了自身的人性要素，并且蕴含着观众对作品与其周遭环境之间对比的感知。不过，需要指出的是，对于环境与主题之间微妙关系的解读能力是有门槛的，正如不是所有人都能领略后现代艺术之妙一样。在这里我想和读者分享一些我的个人体会。

理工科学生比哲学系学生更会读小说吗？

　　我曾将我的小说免费分发给理工科学生与哲学系的学生阅读，并惊讶地发现：恰恰理工科学生能够更好地理解作品的含义，并给出了细致的反馈。更让我惊讶的是，个别哲学系的同学竟然非常抗拒读我的小说（注意，不是在读了我的小说后提出严厉的批评，而是一开始就抗拒读本系老师写的小说这件事）。这一貌似反常识的结果引发了我的深思。而我目前想到的解释是：对于环境与主题之间微妙关系的解读能力，或许恰好处在理工科学生的认知雷达的搜索范围之内。

理工科的学习研究高度依赖仪器与团队，因此，在团队中达成合作的能力便成了相关工作必备的认知要件。在这种情况下，研究者就要敏感于团队中的层次关系，并要根据相关的微观政治关系尽量合理、高效地使用诸如仪器设备等资源。于是，他们既会将完成老师布置的阅读作业视为正常，又能正确理解小说自身反映的汉末政治关系中的微妙之处。至于哲学系的学生，则处在一个与之非常不同的散沙化的社会结构中。哲学研究不依赖昂贵的机器，因此缺乏围绕着机器使用权的微型权力架构；另外，与中文系和历史系的学生不同，哲学系的学生缺乏对于共同文本的共同阅读以建立必要的精神凝结核。这客观上也是因为哲学教师队伍内部的分歧，会使得共同的阅读书单无法得到确立。举个例子，多年前我曾计划给跨专业选修的本科生讲读罗素的名著《数理哲学导论》，结果我提交的教学计划竟然成为全系教师提交的计划中唯一被否决的，因为像我这样认为需要在本科生中普及数理逻辑知识的教师仅占少数。而在缺乏共同阅读书单以维持共通的文本记忆的情况下，青年学生天然具有的反权威性就会促使他们过早去进行那些暗藏风险的"自由探索"。

说得更清楚一点，目前我周围不少哲学系的学生就花费了大量时间去阅读"负典"（解构与批判人类传统价值——如珍爱家庭与社会的作品），而不去认真阅读那些旨在维护与传承此类价值的"正典"。

正典的意义

"正典"之所以需要被更严肃地对待，是因为哲学与其他人类理智追求一样，都需要为人类文明的传承与发展做出正面的贡献，而不是去为这种传承造成障碍。人类传统价值因其时代局限固然有落后愚昧之处，但能在人类漫长的发展历史中留存下来，也说明了其存在一定合理性，在维系稳定的社会结构方面起到了重要作用。

举个例子来说。家庭的稳定架构是社会持续发展的基础，而我们在亚里士多德、孔子、黑格尔的哲学文本里的确也都找到了对于基于家庭价值观的肯定性文字。因此，这些哲学文字都属于"正典"的范畴。上述这些哲学家写的有些文字固然有时代不可避免的局限性——特别是亚里士多德在《政治学》中对于家庭奴隶的肯定性描述——但我们若因为批评这些局限性而对整个古老的家庭建制的合理性产生怀疑，那么难免会"走火入魔"。哲学的天马行空必须以尊重进化论给出的生物学限制为前提，而"人类需要先繁衍才可能发展文明"就是此类限制之一（请参看本书附录对于美国哲学家丹尼特的介绍——他就是当代哲学界的一位超级达尔文主义者）。

除了肯定人类传统价值，如家庭的繁衍功能之外，哲学意义上的"正典"的另一个核心意义是对真理的客观性的肯定——尽管个体所获得的当下观点未必是真理。换言之，不能采取"公说公有理，婆说婆有理"的糊涂态度，而要怀揣"真理越辩越明"的信念，在哲学争论中不断逼近客观真理。

没有这一态度，西方文明就不可能在功利性的关涉之外发展出最原始的逻辑学、几何学，并将二者发展为西方科学思维与哲学思维所共享的基础。需要指出的是，在中国文化的脉络中，由于宋以后科举制日益束缚读书人的思维，那种超越功利性关涉进行自由探索的氛围自然就被慢慢破坏了（隋唐的科举制度尚且没有那么压抑人，暂且不论）。直到今天，很多人还仅仅将学好高中的自然科学视为进入大学的敲门砖，进了大学或踏上工作岗位后就将相关的知识点全部忘光。甚至在研究生阶段，第一求学目的是在大城市找一个户口的学生也不在少数。这便是宋以来的科举文化对今人的遗毒。正因如此，学习基于柏拉图 – 亚里士多德哲学的尊重真理的正典传统，才对国人意义重大。

正典和负典的界限何在？

需要特别注意的是，由于哲学本来就具有强烈的批判性色彩，因此，即使在正典传统中，也有强烈的否定性意味，由此正典容易被错认为负典。同时，负典中的很多要素，其实也是正典中既有的批判要素在比例失衡后产生的"脂肪增生"，因此，正典与负典之间的界限有时的确不太容易把握。为了说明这一点，我想举两个例子。

第一，关于被误解为负典的正典：典型就是苏格拉底留下的对话录（由柏拉图整理）。我们知道，苏格拉底没事就在雅典城里闲逛，用犀利的哲学辩论动摇雅典人对既有宗教与风俗的信仰，因此，其行为很容易被一个粗心的观察者判断为一个既定文化传统的破坏者。但苏格拉底的真正意图是想更好地建设雅典，而不是破坏它。他早已发现，建立在暴民式民主与随心所欲的宗教解释基础上的雅典施政措施是很难走向一贯化与合理化的，因此，若不去强烈批评这种充满自我否定的轻浮政治文化，更健康的政治文化就无法破土而出。结果，苏格拉底这位好心为佝偻病患者矫正身姿的医生，却被当时的雅典人误解为文化摧毁者，并被雅典公民大会判处死刑。

第二，正典中的批判性要素的负典化：在苏格拉底的案例中我们已经发现，哲学所自带的质疑精神，很容易被公众认为是一种负典要素。而在哲学家队伍中，也有人干脆将这种负典要素全面发酵，由此成为一种真正的负典。举例来说，黑格尔的辩证法充满着各种让人炫目的颠倒（主体与客体的颠倒，目的与手段的颠倒，主人与奴隶的颠倒，等等）——尽管在他那里，这些颠倒本身仅仅是为最终肯定绝对真理所作的序曲，但他对这些过程的铺陈本身也足以启发负典构造者借题发挥（这就好比说，对警匪之间的斗争进行全面描述的警匪片，可能也会在某种程度上启发犯罪分子）。比如，在萨特的《存在与虚无》中，黑格尔的辩证法话术被"活用"后，便开始为一种个体性的自由观辩护，尽管黑格尔本来的自由观恰恰是接近集体主义光谱的；在克尔凯郭尔的《非此即彼》中，黑格尔的类似话术被"活用"后，便开始为宗教神秘主义做辩护，尽管黑格尔的原始哲学意图是想用理性主义取代神秘主义；在尼采的哲学中，黑格尔的辩证法则在被"活用"后变成一种叫"视角主义"的立场，也就是将客观真理消解为从某人视角出发看到的主观"真理"（而黑格尔的本意是：我们要从基于某人视角的片面真理出发，一步步攀爬到绝对真理）。

顺便说一句，尼采的这种"活用"对公众误导非常之大，以至于诸如"真理在大炮射程之内"的军国主义胡扯都可以视为此论的衍生物。

负典是可以杀人的。1898年9月10日，在瑞士日内瓦，在此散心的奥匈帝国皇后伊丽莎白·阿玛利亚·欧根妮（俗称"茜茜公主"）被一个叫路易吉·卢切尼的意大利无政府主义者刺杀，终年60岁。卢切尼除了抽象地知道被刺杀对象是奥匈帝国皇后之外，实际上与她素昧平生，但他为何还要犯下杀死外国皇后的大罪呢？因为他是一名负典爱好者。"无政府主义"是杀人者卢切尼在瑞士洛桑感染的一种负典思想病毒，其思想宗旨是反对一切政府形式、社会等级，鼓吹一种抽象的人人自由。若用儒家的话术来评判，就是"无父无君"。而茜茜公主之所以被他盯上，也仅仅因为她身上带着"皇后"的标签罢了。从这个角度看，茜茜公主不是被卢切尼杀死的，而是被负典杀死的——更具讽刺意味的是，恰恰因为茜茜公主是一位亲民的皇后（她很少让皇家保镖跟随），才成为一个更容易被刺杀的目标。这对于仇恨一切富人与权力的无政府主义者来说，本身就是一个讽刺：他们也只敢对手无缚鸡之力的老年妇女下手罢了，却不敢真正与奥匈帝国的专政机器硬碰硬。

据说茜茜公主临死前的最后一句话是："到底出了什么情况？"她搞不清楚的状况，我们这些后人必须搞清楚。"批判"与"摧毁"之间的分寸非常难以把握。譬如，发表文章就奥匈帝国施政中的一些问题提出意见、建议，这叫"批判"，而这种批判若得到最高统治者的积极回应，就能成为建设的力量（茜茜公

239

主本人就善意回应了境内匈牙利民族主义者的批评，提高了匈牙利民族的政治待遇，由此获得了民心）。"摧毁"则是在用放射疗法杀死癌细胞时将整个有机体杀死，因此失去了"批判"所具有的靶向性。哲学研究本身就自带批判性色彩，因此，只要靶向略微偏离，救人之术就能变成杀人的屠刀。而靶向性意识的淡薄，则会在哲学教育中造成一种"负典氛围"，让哲学学习者忘记学习哲学的初心。

当下哲学教学建制中的负典氛围

前面已经说过，哲学文本的复杂性特别容易使读者忽视"批判"与"摧毁"之间的分寸，由此将正典误解为负典，或干脆只读负典。而对于青年学生来说，负典还有一个正典所不具备的特征：情绪共鸣价值。

青年时期很容易产生反叛心，但反叛本身是否有正面的价值，得看具体的语境。年轻的汉桓帝在亲政后反叛长期控制汉廷的外戚梁冀，将其势力一网打尽，得到史学家的赞赏，因为梁冀一家人做的坏事的确太多；年轻的德国皇帝威廉二世反叛了老宰相俾斯麦，改变了他制定的"尽量不和英国发生海上冲突"的政策，却被后世讥笑，因为第一次世界大战德国的失败就足以证明他的错误。换言之，抽象地鼓励青年反叛老一辈或顺从老一辈都是无意义的，必须结合具体语境进行仔细分析。老一辈做得对，就要萧规曹随；做得不对，就要改弦更张。

但麻烦的是，这种谨慎的态度却与青年人的自然天性有点冲突。按照神经发育学的观点，负责谨慎推理的前额叶皮层要到18岁左右才大致发育成熟，因此，青年人就其生物学机能而言本来就缺乏中年人的审慎思维能力，所以喜欢与任何鼓吹反叛的文本产生价值共鸣。举个例子来说，我在学习哲学的时候，就听很多同龄人说读尼采的作品让他们感到很开心，因为他们在阅读中感受到了价值共鸣，在他们看来，像尼采笔下的扎拉图斯特拉那样没事在大街上大喊"上帝死了"，的确很酷。而在我看来，他们学习哲学的态度，就类似于爱乐者选择自己喜欢的摇滚乐歌手的唱片的态度，听着顺耳就行。与之相较，稍微要动点脑子的东西，比如英美分析哲学的那些严谨的推理，他们看着就烦，还反问：这与人类的命运有什么关系？

当然有关系，因为基于逻辑理性的分析推理是一切理性社会活动的基础，而基于理性与契约的社会活动是构造复杂社会体系的必要前提（请注意，当理性无法为社会秩序提供基础的时候，暴力就会填补这样的真空，而在随机的暴力下，没有人是安全的。不理解这一点的人，请回顾上述茜茜公主被刺的案件）。一些人因为分析哲学的抽象性而鄙视之，就如同因为纯数学的抽象性而鄙视数学一样无知。

上述这些道理其实是非常容易想明白的，却被普遍忽略，客观上也是因为基础逻辑学的教育始终没有进入义务教育课本，由此造成大学生（尤其是文科大学生）对基于亚里士多德逻辑传统的正典哲学文本的重要性的无知。作为大学教师，我对改变这一点一直感到无能为力，因为很多人的三观在中学阶段已经被塑型。一个人如果在中学阶段就觉得逻辑推理能力仅仅是为了帮助他在高考的理科科目中得到更高的分数，而不是人之为人的基本素养，这一点在大学是很难被纠正的。

对于重视逻辑的正典传统的轻视还有一个客观原因，即不少年轻人都对基于权威的哲学教育体制感到不耐烦。请注意，哲学教育内的权威机制存在的必要性是基于如下事实：逻辑推理技术本身的复杂性需要一定时间的琢磨才能把握，因此，正典的学习需要教师的权威，以及学生对于教师权威的合理服从（如去阅读规定的文本，并完成读书笔记或读书报告，或去学习与哲学文本阅读相关的第二、第三门外语）。但中国目前的大学制度很难夯实这样的权威机制。学生太多，与教师的关系也比较松散，而众多的选课也使单个教师对学生的影响力下降，这就使得教师很难将正典学习所需要的阅读量布置下去，由此最终导致学生基本功薄弱。具体到哲学的教学环境中，一些不需要艰苦的智力投入却能实现青年人情绪价值的负典文本，自然就会在学生进行论文选题时得到青睐。

在负典的诱导下，对于权威的不服从态度被进一步强化为很多哲学系学生自动的观念设定。因此，他们既有可能拒绝教师布置的任务，更有可能拒绝去阅读一部在思想观念上与他们所阅读的负典格格不入的作品。同时，负典自身对人类文化传承的消极态度，也会使得缺乏历史纵深感的负典爱好者在阅读充满古典文化因素的文本时感到认知过载。我个人之见，要判断一个人是否缺乏历史纵深感，只需要突击问他三个问题就行了：1. "五代十国"是哪五代？ 2. "东京"在汉与宋各自指哪座城市？ 3. 庚子国变时今天的捷克属于哪个国家？三个题目都答不上，说明对方的课外文史阅读量与逻辑推理力是不能满足一名具有独立思考能力的文科专业大学毕业生的最低要求的。一个耐人寻味的后果便是：根据我的观察，在文史哲三个系的学生中，哲学系同学文言文阅读的平均水平是最差的（甚至可能要低于日本一流大学的文科生的文言文阅读水平，日本的高考也是要考中国的文言文的），外语水平也未必是最好的。

这里需要注意的是，我上面所发出的抱怨并不是针对所有哲学系学生的，而是说，由于复杂的社会现实，目前喜欢负典的哲学系学生的数量，明显超过了正典爱好者（我做了二十年哲学教师，发现我曾阅读过的关于亚里士多德的学位论文非常少，而关于后现代主义的哲学家的研究论文非常多）。换言之，喜欢研究怎么拆房子的人，明显超过了喜欢研究怎么造房子的人；喜欢谩骂的人，超过了喜欢讲道理的人；力比多分泌过多的人，超过了喜欢用前额叶的人。由此也引申出了我对企业界朋友的忠告：你若雇用一个哲学系的毕业生，可以先搞清楚他的学位论文研究的是正典还是负典——如果你不知道究竟何为正典与负典，不要紧，随机抽几页《资治通鉴》让他翻译成现代汉语（如果平时读书足够多，宋代的文言文对文科生来说应该是不算难的）。如果他借口自己的专业是外国哲学而拒绝翻译，那么就说明他不太愿意走出自己的舒适区。而这种不合作的态度，恰恰又可能是因为他已经长期受到了负典的影响。请注意，以上遴选原则只能保证七八成靠谱，但至少其运用是非常简便的。

后现代主义艺术算是负典吗？

说到这里，或许有人会问：哲学领域内的负典大多数都带有"后现代主义哲学"的标签，那么杜尚的后现代主义艺术作品，算不算负典呢？

或许不算。因为正如美学家丹托所指出的，后现代主义的艺术作品毕竟受到了评价体制——特别是艺术作品定价系统的制约（杜尚的这件作品在20世纪末就被卖到了190万美元），而这一系统本身又代表了艺术家必须面对的微观政治架构，其关键节点则由策展人、画廊拥有者与艺术批评家所构成。因此，在艺术圈内混，本身就意味着对一种隐蔽的政治—经济制度的接受。

与之相较，哲学评价的权威体系过于多中心化，并因此缺乏牢固可靠的层级体系。由于缺乏统一有效的对知识产品的质量的反馈，相关的知识产品生产者很难不陷入与同温层抱团取暖的境地，并因此缺乏对特定阶层的服务意识。需要注意的是，对于志在学术并在大学获得教职的专业哲学工作者来说，这个问题并不严重，因为与其他任何专业一样，建制化的哲学研究本身也是必须服从一个隐蔽的权力架构的。但大学能够提供的哲学专业教职毕竟非常有限，而国内顶尖大学的哲学系目前也一般只考虑获得海外博士学位的求职者。这就意味着，大量的不太可能获得教职的哲学系毕业生必须在职场上从零开始培养自己服从规训的意识，并因为负典的影响而使得这一过渡时期变得更长。

上述描述当然会因为特定哲学系在教学风格上的不同而在适用度方面产生差异。比如，在北美，分析哲学主导的教学风格会使得学生在校期间花费大量时间做逻辑题，而由此产生的服从规训的意识就会使得此类学生隐蔽的观念世界更接近理科生。另外，由于美国很多一流法学院不设法学本科，哲学本科生的培养同时也有为法学硕士培养机制提供后备军的意图，这也强化了学生服从规训的意识。但需要指出的是，随着抽象的文化多元主义与平权主义的泛滥，一定比例的北美哲学系也被与之相关的观念所侵蚀，使得相关的学生除了学会一堆给人贴标签用的大词之外，缺乏对真实问题进行精细分析的必要技能与耐心，遑论对来自希腊与罗马的西方正典系统的必要敬畏。我将这种现象，视为美国相对富裕的社会架构所产生的"智力脂肪"，而既然是脂肪，其大量存在就会对社会有机体的健康造成危害。"脂肪"多了，"肌肉"就会减少——美国著名企业家马斯克最近就吐槽美国理工科的培养强度与质量正在明显下滑，恐怕并非无的放矢之语。

很抱歉，在一本介绍哲学的通俗读物的末尾，写了这么一大堆似乎本不该由哲学系教授说的话，显得我似乎不那么爱哲学似的。不过，说句老实话，我对哲学的爱的确不如我对人类的爱。**如果哲学不能激励大家更富热情地去追求真善美与传统，而是引诱大家去颠覆传统，并怀疑人类合作形式的基本逻辑（比如，基于生物学本能的家庭建构与基于利益需要的企业架构）的合理性，那么，哲学就会成为"传统破坏学""断子绝孙学"或"财富摧毁学"。**而假若你在读本书之前对哲学知之甚少，那么，我还得恭喜你一下：至少在这本书中，我向你传递的来自柏拉图、康德、黑格尔的重要哲学思想，都属于"正典"的范畴，因此，你对于哲学的第一印象大致还算靠谱。再总结一下：**读正典的任务是让你清醒，而不是愤怒。清醒会把你引向对世界的改良，改**

良的目的是让世界更好；而愤怒只会导向破坏与无序，以及最后的"断子绝孙"。

北宋哲学家张载曾在《横渠语录》中说过这样的豪言："为天地立心，为生民立命，为往圣继绝学，为万世开太平。"张载是我很喜欢的一位哲学家，但偏偏这句经常在哲学系的毕业典礼上被学生代表所引用的话，我不太喜欢。哲学家不要那么狂，想为万世开太平，特别对于北宋的一位大儒来说，你若能将北宋的国祚延长100年，让我们的大才女李清照不写下"只恐双溪舴艋舟，载不动许多愁"这样的哀伤诗句，就已经是了不起的功德了。社会的点滴进步需要的是批判性思维基于逻辑理性的诊断意见，而不是试图在一片白纸上重绘江山的妄念。同在北宋的司马光之所以因砸缸而被人称颂，是因为他拿来砸缸的石头便在他脚边，因此，他的巧思其实是以最低的成本解决了问题。而真正健康的哲学思维，就是要引导我们发现这些脚边的石头。

愿这本小书能够成为诸君在人生之路的歇脚处偶尔拾起把玩的一枚雨花石。

附录　丹尼特：那个斩断"天钩"的人

2024 年 4 月 19 日，美国著名哲学家丹尼尔·丹尼特因肺部疾病逝世，时年 82 岁。他的逝世，不仅是美国哲学的重大损失，也是世界哲学的重大损失。

与很多从小生活在美国并对外国一无所知的美国人不同，丹尼特是在贝鲁特长大的，并因此对阿拉伯文化有一点了解。他父亲因空难在非洲离世（当时小丹尼特才 5 岁），他是他妈妈一手拉扯大的。小丹尼特曾在美国顶尖私立预科学校菲利普斯埃克塞特学院（这也是最早接收清朝留美幼童的美校之一）读书，然后在哈佛大学读了哲学本科。在哈佛，他遇到了当时如日中天的哲学大师奎因。作为亚洲人，我在这里忍不住插一句，奎因也曾与两位亚洲哲学家结下了深厚的缘分，一位是在奎因的指导下拿到博士学位的王浩，一位是曾在哈佛访学的大森庄藏（一位将现象学与维特根斯坦哲学结合在一起的日本哲学家）。

丹尼特从奎因那里学到的，是一种叫"自然主义"的哲学工作态度，即相信在哲学研究与自然科学研究之间有着连续的关

247

系。因此，在自然主义者看来，搞哲学研究的人漠视科学进步可不行。不过，丹尼特的哲学博士学位不是在美国获得的，而是在英国牛津。他的博士论文导师是吉尔伯特·莱尔，牛津日常语言学派运动的枢纽人物。丹尼特从他的导师那里学到这么两件事：第一，要对诸如"灵魂""意识"之类的难以从第三人称角度加以验证的主观主义说教保持警惕态度，因为这些说教有可能都是在"扯犊子"；第二，哲学家的任务不是增加我们的知识，而是通过澄清概念谱系的关系来让大家头脑清楚，因此，哲学家要始终保持谦虚的态度，不要老将自己当成人类导师。至于丹尼特在莱尔指导下完成的博士论文《心与脑：神经科学视角中的内省式描述以及意向性问题》，在题目上就已经暗示了师生共同从事的这项哲学事业的旨趣：用第三人称的观察去剥夺基于第一人称视角的内省式意识描述的哲学尊严。

博士毕业后的丹尼特回到美国后，长期在塔夫茨大学任教，著述非常丰富，其中有不少已经翻译成了中文。要在这样一篇短文中将其各方面的学术成就加以总括，并不容易。与其像掉书袋一样向读者介绍他的每一本书内的观点，还不如提纲挈领地对其哲学的总的精神加以提炼。而我则是用如下四个字来概括其哲学精神的：**斩断天钩**。

什么是"天钩"？

这是丹尼特很喜欢的一个比喻，用来指**那些被一部分哲学家刻意发明出来的人造概念，以便用来解释某些现象**。这些概念就像在《西游记》里不时出现帮孙悟空解决挡路妖怪的菩萨一样，以一种取经团队中的任何成员都不具备的超级法力将取经之路变得相对平顺。举个例子，康德主义者要解释人类为何能够做因果判断，就发明了一个叫"因果范畴"的天钩，换言之，他们将溯因推理当成了证据。但从法庭辩论的角度看，溯因推理只能构成一种假设，而不是证据。再举个例子，假设维也纳动物园内的一头大象昨夜被人杀害并分尸了，当地警方在现场发现数个不同人的脚印和指纹——那么，你是不是就能因此推断出杀害大象的凶手是多人呢？警察当然有权这么想，并将其作为破案的一条线索——但这样的构想本身未必代表事实。为何真相不能是这样的呢：一个力大无穷的作案人独自杀死了大象，并故意在现场留下了不同的指纹与脚印，以干扰警方的办案思路。显然，不将嫌疑人抓获并获取可靠的口供，上述的证据链就是不完整的。同样的道理，康德主义者有什么权利认为他们构想出来的"因果范畴"就是对于人类认知架构的正确呈报呢？难道仅仅因为人类的确能够做因果判断，就断定人类的心智中有使得此类判断得以实现的因果范畴吗？这最多只能作为一种思考线索，而不能做"结案报告"，否则，一个仅仅在犯罪现场看到多人指纹就判断作案者一定是多人的警察也就有权马上写结案报告了。

这种试图绕过证据搜集而将假设直接当作结论的思维方式，就是哲学意义上的"天钩"思维。这个比喻的要点是：**一个哲学假设就像天上突然掉下来的钩子一样，是智性研究中"不劳而获"之物，因此，即使你获得这样的钩子，也要将其来历调查清楚，而不能贪图方便，先用了事。**但在丹尼特看来，哲学界的"天钩爱好者"实在是太多了，这就使学习与研究这样的哲学，成了一种智性上的堕落。

或许有人会说：警察对于犯罪真相的追溯涉及公共利益，当然不能随便用"天钩"来搪塞，但哲学家关于心智本性的讨论即使粗疏一点，又能对公众利益产生什么危害呢？谁又管你用不用天钩呢？这些貌似都是"茶杯里的风波"罢了。

情况可没这么简单。

前面已经说过，丹尼特的学术谱系来自莱尔与奎因，而这两位（特别是莱尔）的学术谱系又与长期在剑桥大学执教的后期维特根斯坦有关。后期维特根斯坦哲学的一个要点，就是反对传统哲学家通过发明一些大词来将哲学研究变得神秘兮兮，由此造成语言词汇的通货膨胀。这种通货膨胀的结果，就是学过这些哲学的人，经常像堂吉诃德那样对抽象的观念标签发动攻击，而对日常生活中的饮食男女表示无感。从社会学的角度看，此类哲学作风的泛滥，会造成一群对群众的真正关涉懵懂无知却痴迷于概念游戏的散沙式游士（而且是戴有名校光环的游士），由此反而对渐进式的社会进步构成戕害。

一个经由此类词汇膨胀而成为西方很多人的思想钢印却已然引发无数纠纷的大词，就是所谓"自由"。自由主义者没事就将"自由"放在嘴上，而有意思的是，彼此敌对的不同政治阵营都喜欢在自己的脑门儿写上这个大词（此刻我突然想起了一个口号："从河流到海洋，X终会得到自由"——这里的"X"留出的空位就像地铁上的长凳一样，只要没人占你就能坐上去）。丹尼特本人并不是政治哲学家，但在心灵哲学与行动哲学领域，他已经对"自由"概念的心智哲学基础——"自由意志"——发动了冲击。请注意，按照丹尼特哲学，不假思索地认定我们有"自由意志"，就是在祈灵于天钩思维，因为这种思维方式与推导出范畴存在的康德式思维一样，都是将假设当成了结案报告。按照自由意志论者（认定自由意志客观存在的那群哲学家）的观点，既然我们体验到了自由意志——"我可以自由地决定继续读完这篇关于丹尼特的纪念文章，也可以选择不读下去"——那么，我当然就是有自由意志的。但事情真有这么简单吗？请看看丹尼特给出的另一种关于自由意志的叙事。

我们对自由的感受其实与我们的决策机制的客观运作有关。有些决策不会涉及利益的冲突，因此，你不会感到你在经历一些思虑——比如，一般而言，一个正在训练的士兵在面对战友递过来的水壶的时候，会不假思索地喝里面的水，而不会进行任何思考。道理很简单，在大多数情况下，你不需要思考就知道如何走路、如何喝水，否则，你会累死的。但在涉及复杂利益纠葛的情况下，思虑就要发挥作用。假设你的战友给你的水壶装着全连队最后的救命水，你要喝掉其中的多少呢？一点都不喝，显然不利于自己的健康，但若喝得太多，你的战友又会怎么看待你？因此，这时候你就需要盘算，以便把握好行动的分寸：是抿一小口，还是喝一大口？

在你进行这种思虑的时候，你的大脑其实是以一种非常复杂的方式来运作的，其中大多数运作细节，都不能被你主观地意识到。不过，一些重要的思虑往往会触发你的"理由给出机制"运作，由此使得你的决策理由被你意识到。譬如，如果你突然看到了天边的乌云，料想到马上会有一场雨，你就会推理出你的团队在未来几个小时内会得到水。在这样的情况下，你就会做出"现

251

在不妨就喝一大口水"的决策，因为水的短缺问题马上就会得到缓解了。而当你意识到你是基于这些理由给出决策的，你就意识到你是具有理性的，并因此是自由的。很显然，所谓"自由意志"，无非就是对决策理由的反思力所衍生的意识副产品罢了。脱离了这整套机制，根本就没有什么独立的"自由叙事"。

丹尼特的这种观点，并不能被视为某种否定自由的"决定论"（按照此论，人类如同一般物理对象，其一举一动都被物理法则所左右），而是所谓的"相容论"（按照此论，人既受到物理法则的限制，又可以被说成是具备自由的）。换言之，纵然他并不反对我们使用"自由"这个概念，但他追寻其导师莱尔的脚印，反复提醒读者注意"自由"这个概念在复杂的概念体系（特别是关于"理由给出"的语言游戏的概念体系）中所扮演的角色，以免"天钩爱好者"脱离这个网络而过于自由地使用这个字眼。而假若"自由"这个词被如此错误地应用了，就会造成所谓的"概念通胀"问题，而由此造成的错误，就类似于一个不知道本国货币定锚于黄金这一金融事实而滥发货币的统治者所犯的错误。

丹尼特的批评者显然不会就此闭嘴。他们发出的批评有两类。

第一，丹尼特所给出的关于自由产生的相容论模型难道不就是"天钩"？我们为何要买入一个反对"天钩"思维方式的哲学家自己强加给我们的"天钩"呢？

第二，假设丹尼特的理论是对的，那么，人的自主性在何处呢？你之所以被说成是自由的，仅仅是因为这样的描述符合自然语言使用者的期待——但你的自由存在的根本呢？难道脱离了他者的描述，你就是纯然消极的吗？

对于上述两个问题，丹尼特主义者的回复如下。

回答一：相容论的自由模型不是"天钩"，而是一种"起重机思维"的产物。

什么叫"起重机思维"？就是诉诸进化论给出的渐变论思想，一点一滴地解释人类认知架构的形成，在其中坚决不跳步。比如，你要解释为何鸟臀目的恐龙演化成了始祖鸟，你就要将各种过渡品种的化石列出来，不能突然拿出始祖鸟的化石来吓唬人。这种思维方式就对应于起重机的思维，即你要一块一块地将建筑材料用自己能开动的起重机吊起来，而不能指望有天钩越俎代庖。按照这个思路，丹尼特在其著作《自由的演化》中描述了自由在自然界中出现的过程，即从简单的决策机制到复杂的决策机制的渐变过程。在他看来，只要智能体面对的任务足够复杂，那么，它就需要在自己的长期记忆中对决策的理由进行记录，以便在未来处理类似的问题时调用这些信息——而这种对理由的记录能力本身显然是为了提高智能体对环境的适应度而慢慢被演化出来的，不是"天钩"恩赐给人类的。因此，对于上述演化过程的理论反思成果（丹尼特本人的相容论的自由观）也就不是另一种"天钩哲学"的产物。

回答二：丹尼特的自由模型的确将自由视为一种话语模式的产物——也就是说，某人之所以是自由的，是因为将其视为自由行动者，会带来一种叙述上的方便。至于他是不是自由的，丹尼特主义者并不关心。很显然，这是一种很容易冒犯到一些人自尊心的观点，因为他们认为具有自由（而不仅仅是被说成是具有自由）是人之为人的关键性标记。但在丹尼特主义者看来，丹尼特的理论反而能更好地使他对于人的行为的说明与我们在心理学、传播学与行为经济学层面上的发现相吻合。刚刚逝世的诺奖获得者、心理学家卡内曼早就指出，人类的心理决策活动很容易受到外界影响的操控——比如，只要你一直通过某种宣传认为某个政治团体是邪恶的，而被其迫害的另外一个团体（我们暂将其称为"X"）则是无辜的，你就会觉得站在 X 的立场上去喊口号是正义的。但很显然，你可能只是某种被精心设计的认知战的牺牲品罢了。很可惜，即使是在常春藤大学读书的那些自认为天之骄子的大学生的大脑其实也是继承了来自"采集—狩猎"时代的古老架构，因此，他们的认知雷达的有效工作范围，也肯定处在"邓巴数"（150 人）的限制之下（按照英国人类学家邓巴的理论，150人构成的社会网络的复杂性构成了我们处理熟人关系的认知上限）。在这种情况下，他们的判断就很可能被身边的"同温层"所左右，并在面对超越"邓巴数"上限的超级复杂的国际问题时失去准头。

我不希望上面的文字让读者对丹尼特的理论产生误解，即认为他将一切人以"自由"的名义所做的一切事情都予以"祛意义化"。"二战"中盟军以自由的名义解放达豪集中营中的大屠杀幸存者当然是有正面的历史意义的，只是这种意义的赋予过程与我们是否具有一种脱离了社会评价而自存的自由状态无关。丹尼特的这种理论显然与卢梭的名言——"人生而自由，但无时不处在枷锁之中"——构成了鲜明的反差。丹尼特主义者或许会这样来改写卢梭的这句话："人生而存于社会评价网络中，且无时不被评价为自由的拥有者。"这里需要注意的是，恰恰是这种改写，才使这种新的自由观更能见容于公众的道德常识，而卢梭的自由观则不是这样的。具体而言，卢梭的理论使得他缺乏足够的理论资源来批评罗伯斯庇尔以自由为名而进行的滥杀行为（既然罗伯斯庇尔也是生来自由的，他当然也能以自由为名处死几万人）——而在丹尼特主义者看来，自由本质上是一种社会评价的产物，而这种评价所瞄准的，又恰恰是当事人行事理由的合理性，因此，我们当然能将那些好的行为（基于合理理由的行为）与坏的行为区分开来。

那么，哪些理由是好的，哪些又是坏的呢？别忘记了，丹尼特是一个超级达尔文主义者，因此，好的观念——受到科普作家道金斯的启发，丹尼特也将那些可以被传播的人类观念称为"模因"——的散布能够促进观念受用者的繁殖适度，反之则不能。比如，雅各宾派发明的"杀掉所有的法国贵族"的模因就是一个坏的模因，这就等于消灭了路易十六时代累积的科学技术与文化艺术的肉身载体，由此降低了法兰西民族以后的繁殖适度（顺便说一句，"一战"之前德国之所以自信能够打败法国，就是因为当时的人口统计说明，德国的高生育率使其具有比法国更丰富的后备兵源）。换言之，虽然广义上的人类道德都反对滥杀，但丹尼特的模因学会特别反对那些旨在破坏重要模因的肉身承载者的滥杀。因此，由于有了达尔文主义所提供的思想基准，丹尼特便不能被视为一个认为"怎么样都行"的文化相对主义者或后现代主义者。毋宁说，标准的丹尼特主义者会将此类后现代主义者的观念视为一种坏的模因：因为后现代主义者对于传统婚姻的放任态度会降低此类模因接受者的繁殖适度，由此使后现代主义"断子绝孙"——而达尔文主义的本义，却恰恰乐见"人丁兴旺"。

丹尼特对后现代主义的批评态度，貌似容易使其成为美国基督教保守主义的知音——但麻烦的是，因为丹尼特本人将基督教理念仅仅视为一种模因而拒绝承认上帝的存在，他也一直是保守主义者的眼中钉。从这个角度看，丹尼特在目前美国文化内战中的地位就有点类似在北宋朝堂上的苏轼——由于苏轼在政治上的特立独行，王安石的新党与司马光的旧党都排挤他——与之相应，丹尼特对文化多元主义的批评使他无法见容于美国校园内的激进左翼；而他对宗教的批评态度又使他无法见容于江湖之中的"红脖子"。但站在丹尼特本人的立场上看，处于如此尴尬的地位，也是其哲学品格所决定的。哲学家最需要展现的学术德行就是融贯性，即自己不能打自己的脸。假如丹尼特为了讨保守主义者的好而去皈依基督教的话，那么，他又怎么继续做斩断一切"天钩"的斗士呢？难道将一切解释的难题诉诸上帝，这不就是最典型的"天钩思维"吗？

最后我想对中文世界的哲学爱好者说几句掏心窝的话。假若你是在读到这篇文章的时候才意识到丹尼特的学术地位，这就说明你周围的哲学模因很可能已经被人为控制到不让你接触某种特定模因的地步。这种控制的目的，显然是留出生态位给别的哲学模因——保不齐其中的某些模因就会诱使你相信如下迟早会导致"断子绝孙学"之结论的论点：婚姻是人类发明的虚假社会形式，需要被抛弃；科学只不过就是一种权力架构，是一种意识形态幻觉；任何权威都需要被打倒（因为"我命由我不由天"）；罗伯斯庇尔是对的，即使他最终杀死了他的革命同志丹东；等等。我不知道这些负面模因的传播范围到底有多广，但就我做二十几年哲学教师、审读了大量哲学专业学位论文的经验而言，我的确不想低估其传播的广度，因为很多论文都在向我展示作者对科学的漠视与对传统文化的无知——而用以掩盖这些知识漏洞的棺材板上，则充满着作者从"天钩哲学家"那里借来的哲学大词。于是，很多哲学博士论文最终变成了"大词展示学"："哦，我亲爱的导师，我已经考证过了，某某哲学家发明的第一个大词是出现在这本著作的第几页的，后来，这个大词又衍生出了五个大词，它们都出现在这位哲学家十年后于巴黎出版的另外一本著作里。您看，我的哲学研究工作是不是很扎实？"阅读这些论文，使得我经常陷入伦理上的痛苦。基于人情上的原因，我当然不会给这些论文不及格，但让我的认知系统处理这些负面模因，也的确占据了我处理那些正面模因的时间资源——比如，读丹尼特的时间。

斯人已去，唯模因长存。特以此小文纪念我的哲学偶像丹尼特。